启文 主编

这样读

天工开物

中国民族文化出版社

北 京

图书在版编目（CIP）数据

天工开物这样读 / 启文主编 . — 北京 : 中国民族
文化出版社有限公司 , 2024.4
ISBN 978-7-5122-1855-0

Ⅰ . ①天… Ⅱ . ①启… Ⅲ . ①《天工开物》—青少年
读物 Ⅳ . ① N092-49

中国国家版本馆 CIP 数据核字（2024）第 068571 号

天工开物这样读
TIANGONG KAI WU ZHEYANG DU

主　　编	启　文
责任编辑	郝旭辉
责任校对	李文学
出 版 者	中国民族文化出版社　地址：北京市东城区和平里北街 14 号
	邮编：100013　联系电话：010-84250639　64211754（传真）
印　　装	金世嘉元（唐山）印务有限公司
开　　本	720mm×1020mm　1/16
印　　张	16
字　　数	230 千字
版　　次	2024 年 9 月第 1 版
印　　次	2024 年 9 月第 1 次印刷
标准书号	ISBN 978-7-5122-1855-0
定　　价	39.80 元

前言

明代，中国涌现了一批杰出的科学家，如李时珍、宋应星、徐光启等，他们在医学、农业、手工业等各个领域做出了杰出的贡献。

宋应星的《天工开物》产生于这一时期，这本书号称"中国17世纪的工艺百科全书"，详细地记述了当时中国各行各业的科技成就，涉及农业、手工业、开采、冶炼、食品加工等各个领域。这些技术在当时处于世界领先的水平，有很多工艺沿用至今，更是为后世的科技发展打下了基础。《天工开物》这本科技著作，还为历史研究学者提供了一份珍贵的历史资料，便于今日的读者探究各行各业的发展历史。

宋应星的《天工开物》蕴涵着十分丰富的精神内涵，其大力弘扬了"天人合一"的思想和能工巧匠精神，极大地赞扬和肯定了劳动人民的创造力。在这本书中，他将关系民生的"乃粒""乃服"两章排在最前面，把玉石开采和加工技术放在最后，体现了"贵五谷而贱金玉"的思想主张。同时，他提出了"天工开物"的科技哲学思想，主张自然力（天工）和人工的配合，自然界的行为和人类活动的协调，通过技术从自然资源中开发产物，以显示出人的主观能动性。

《天工开物》不只是一本国学经典，更是一本适合青少年阅读的科技百科全书。书中对中国古代的各项工艺技术均有详细的记录，均为宋应星实地考察并记述而成，有助于青少年了解科技历史，增长知识。本书精选《天工开物》章节内容，书中配有大量精美插图，在宋应星绘制的线稿的基础上上色，配色亮丽又不失典雅，符合青少年的审美。本书的章节标题多引用自古代典籍，因时代差异，较难理解。因此，在每章的标题下方配有一段注解，解释标题出处和含义，便于读者理解。为了满足小读者的求知欲，每章配有一段关于《天工开物》的拓展资料，内容包括但不限于作者生平、时代背景、相关人物等。

现在，科学技术的发展日益先进，正是青少年研读《天工开物》的大好时机，读者可从中学习知识，培养对科学的兴趣，继承先人的思想精华，立下振兴中华、造福人类的远大志向。

目录

乃粒

NAILI

"赏奇析疑" 谈方法

本章的内容与古代人的餐桌息息相关，主要论述古代稻、麦、黍、稷、粱、粟等粮食作物的种植、收割技术，还包括各种有趣的生产工具，比如水利灌溉机械等。"乃粒"一词出自《尚书》："烝民乃粒，万邦作义。"这句话的意思是百姓有了足够的粮食，国家才能安定。民以食为天，因此，"乃粒"被作者排在了首篇。

"知人论世" 聊背景

为什么这本书要叫"天工开物"而不是"制造业百科全书"呢？因为《天工开物》这本书的书名表达了具有普遍意义的科学思想，"天工开物"强调的是自然力（天工）和人工的配合，自然界的现象和人类活动的协调，通过技术从自然资源中开发产物，显示出人的主观能动性。这种科学思想的核心意义是以"天工"补"人工"开万物，或者借助自然力和人力的协调，通过科学技术从自然界中开发万物。

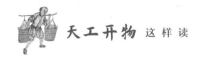

"抑扬顿挫" 读原文

宋子曰：上古神农氏^①若存若亡，然味其徽号两言^②，至今存矣。生人不能久生，而五谷生之；五谷不能自生，而生人生之。土脉历时代而异，种性随水土而分。不然神农去陶唐^③，粒食已千年矣，耒耜^④之利，以教天下，岂有隐焉？而纷纷嘉种，必待后稷^⑤详明，其故何也？

纨裤之子，以赭衣^⑥视笠蓑；经生之家，以农夫为诟詈^⑦。晨炊晚饷，知其味而忘其源者众矣！夫先农而系之以神，岂人力之所为哉！

"字斟句酌" 查注释

① 神农氏：炎帝神农氏，神话传说中的古帝王。

② 徽号两言：即指"神农"二字。

③ 陶唐：传说中的古帝王，即尧，国号陶唐，又称陶唐氏。《尚书·益稷》传说即尧时文献。其中言"烝民乃粒"，即"粒食"。

④ 耒耜（lěi sì）：先秦时期的主要农耕工具。耒为木制的双齿掘土工具，起源甚早。

⑤ 后稷：传说中尧、舜时大臣，掌农之官，又与大禹一起治水。又名弃，为周之始祖，故其事详于《史记·周本纪》中，云："弃为儿时，屹如巨人之志。其游戏，好种树麻、菽，麻、菽美。及为成人，遂好耕农，相地之宜，宜谷者稼穑焉，民皆法则之。帝尧闻之，举弃为农师，天下得其利，有功。"

⑥ 赭衣：古代囚衣。因以赤土染成赭色，故称。

⑦ 诟詈（gòu lì）：辱骂。

"古文今解" 看译文

宋先生说：上古传说中的神农氏，好像真的存在过又好像没有此人。然而，仔细体味"神农"这个对开创农耕的人的尊称，就能够理解"神农"这两个字至今仍然有着十分重要的意义。人不能靠自身长久生存下去，要依靠五谷养活自己；可是五谷并不能自己生长，需要靠人去种植。

土壤的性质经过漫长的时代而有所改变，谷物的种类、特性也会有所区别。不然的话，从神农时代到唐尧时代，人们食用五谷已经长达千年之久了，神农氏教导天下百姓耕种，使用耒耜等耕作工具的便利方法，难道还有什么不清楚吗？可是后来纷纷出现的许多良种谷物，一定要等到后稷出来才能得到详细说明，这其中又是什么原因呢？

那些不务正业的富贵人家子弟，将劳动人民看成罪人；那些读书人把"农夫"二字当成辱骂人的话。他们饱食终日，只知道早晚餐饭味美，却忘记了粮食是从哪里得来的，这种人真是太多了！这样看来，奉开创农业生产的先祖为"神"就十分自然了，种植五谷不仅仅是人力的作用啊！

总名

"抑扬顿挫" 读原文

凡谷无定名①。百谷，指成数言②。五谷则麻、菽③、麦、稷④、黍⑤，独遗稻者，以著书圣贤起自西北也。今天下育民人者，稻居十七，而来⑥、牟⑦、黍、稷居十三。麻、菽二者，功用已全入蔬、饵、膏、馔之中，而犹系之谷者，从其朔⑧也。

"字斟句酌" 查注释

① 定名：固定的称呼。

② 成数言：综合各类说法。

③ 菽（shū）：豆的总称。

④ 稷：古代称一种粮食作物，有谷子、高粱、不黏的黍三种说法。

⑤ 黍：黏米。

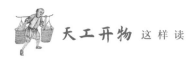

⑥来：小麦。

⑦牟（móu）：大麦。

⑧朔：同"溯"，指根源、本源。

"古文今解" 看译文

谷物并不是一种固定的名称，特指某一种粮食。百谷是说谷物种类繁多，这是就谷物的总体而言。"五谷"是指麻、菽、麦、稷、黍，其中唯独漏掉了稻子，这是因为著书的先贤是西北人的缘故。现在全国百姓所吃的粮食之中，稻子占了十分之七，小麦、大麦、黍、稷共占十分之三。麻和豆这两类已经完全作为蔬菜、糕饼、脂油、饭食使用了，现在依然将它们归入五谷之中，只不过是沿用了古代的说法罢了。

稻

"抑扬顿挫" 读原文

凡稻种最多。不粘者，禾曰秔，米曰粳。粘者，禾曰稌，米曰糯。（南方无粘黍，酒皆糯米所为）质本粳而晚收带粘（俗名婺源光之类），不可为酒，只可为粥者，又一种性也。凡稻谷形有长芒、短芒（江南名长芒者曰浏阳早，短芒者曰吉安早）、长粒、尖粒、圆顶、扁面不一。其中米色有雪白、牙黄、大赤、半紫、杂黑不一。

湿种之期，最早者春分以前，名为社种①（遇天寒有冻死不生者），最迟者后于清明。凡播种，先以稻麦稿②包浸数日，俟其生芽，撒于田中，生出寸许，其名曰秧。秧生三十日即拔起分栽。若田亩逢旱干、水溢，不可插秧。秧过期，老而长节，即栽于亩中，生谷数粒，结果而已。凡秧田一亩所生秧，供移栽二十五亩。

凡秧既分栽后，早者七十日即收获，（粳有救公饥、喉下急，糯有金包银之类，方语③百千，不可殚述）最迟者历夏及冬二百日方收获。其冬季播种、仲夏即收者，则广南之稻，地无霜雪故也。

凡稻旬日失水，即愁旱干。夏种冬收之谷，必山间源水不绝之亩，其谷种亦耐久，其土脉亦寒，不催苗也。湖滨之田，待夏潦已过，六月方栽者，其秧立夏播种，撒藏高亩之上，以待时也。南方平原田多一岁两栽两获者。其再栽秧，俗名晚糯，非粳类也。六月刈④初禾，耕治老膏田⑤，插再生秧。其秧清明时已偕早秧撒布。早秧一日无水即死，此秧历四五两月，任从烈日暵干无忧。此一异也。

凡再植稻遇秋多晴，则汲灌与稻相终始。农家勤苦，为春酒之需也。凡稻旬日失水则死期至，幻出⑥旱稻一种，粳而不粘者，即高山可插，又一异也。香稻一种，取其芳气以供贵人，收实甚少，滋益全无，不足尚⑦也。

"字斟句酌" 查注释

① 社种：在春社日（古时以立春之后的第五个戊日为春社，时在春分之前）浸种。

② 稿：秸秆。

③ 方语：地方土语，方言。

④ 刈（yì）：收割。

⑤ 膏田：肥沃之田。

⑥ 幻出：变化出。

⑦ 尚：推崇。

"古文今解" 看译文

稻的种类最多。不黏的，禾叫秔稻，米叫粳米；黏的，禾叫稌稻，米叫糯米。（南方没有黏黍，酒都是用糯米酿制的）本来属于粳稻的一种，晚熟且带黏性的（俗名叫"婺源光"一类），不能用来做酒，只能用来煮粥，这是另一个稻种。稻谷形状有长芒、短芒（江南称长芒稻种为"浏阳早"，短芒稻则叫作"吉安早"）、长粒、尖粒、圆顶、扁粒等多种不一。其中米的颜色有雪白、淡黄、大赤、淡紫和杂黑等多种。

浸种期，最早的是在春分以前，叫作社种（遇到天寒有被冻死而不得生长的），最晚的则在清明以后。播种时，先用稻草或麦秆包好种子，放在水里浸泡几天，等发芽后再撒播到秧田里。苗长到一寸多，就叫作秧。秧龄满三十天，即可拔起分插。如果稻田遇到干旱或者水涝，都不能插秧。秧苗过了育秧期就会变老而拔节，这时即使再插到田里，结谷也很少。通常一亩秧田所培育的秧苗，可供移插二十五亩田。

插秧后，早熟的品种大约七十天就能收割。（粳稻有"救公饥""喉下急"，糯稻有"金包银"等品种。各地的品种叫法多样，难以尽述）最晚熟的品种，要历经夏天到冬天共二百多天才能收割。至于冬季播种，夏季五月就能收获的，那是广东南部的水稻，因为那里终年没有霜雪。

如果水稻缺水十天，就怕干旱了。夏天种、冬天收的水稻，必须种在山间水源不断的田里，这类稻种生长期较长，土温也低，所以禾苗长势较慢。靠近湖边的田地，要等到夏季洪水过后，六月份才能插秧的。其秧苗应在立夏时节播种，还要播在地势较高的秧田里，等汛期过后才插秧。南方平原的稻田，大多都是一年两栽两熟的。第二次插的秧俗名叫晚糯，不是粳稻。六月割完早稻，田地经过犁耙后，插再生秧。这种秧是在清明就和早稻秧同时播种的。早稻秧一天缺水就会死，而这种秧经过四月和五月两个月，任凭曝晒和干旱都不怕。这是一种不同的类型。

晚稻遇到秋季多晴天时，就要经常不断地灌水。农家辛勤地劳动，是为了酿造春酒的需要。水稻缺水十天就会死掉。但后来却从中变化出一种旱稻，是不黏的粳稻，即使在高山上也可种植，这又是一种变异的类型。还有一种香稻，由于它有香气，通常专供富贵人家享用，但产量很低，也没有什么滋补的益处，不值得推广。

稻工

"抑扬顿挫" 读原文

凡稻田刈获不再种者，土宜本秋耕垦，使宿稿化烂，敌粪力一倍。或秋旱无水及怠农春耕，则收获损薄也。凡粪田，若撒枯浇泽，恐霖雨至，过水来，肥质随漂而去。谨视天时，在老农心计也。凡一耕之后，勤者再耕、三耕，然后施耙，则土质匀碎，而其中膏脉释化也。

凡牛力穷①者，两人以杠悬耜，项背相望而起土。两人竟日，仅敌一牛之力。若耕后牛穷，制成磨耙，两人肩手磨轧，则一日敌三牛之力也。凡牛，中国惟水、黄两种。水牛力倍于黄。但畜水牛者，冬与土室御寒，夏与池塘浴水，畜养心计亦倍于黄牛也。凡牛，春前力耕汗出，切忌雨点，将雨，则疾驱入室。候过谷雨，则任从风雨不惧也。

吴郡②力田者以锄代耜，不藉牛力。愚见贫农之家，会计牛值与水草之资、窃盗死病之变，不若人力亦便。假如有牛者，供办十亩，无牛用锄而勤者半之。既已无牛，则秋获之后，田中无复刍牧之患，而菽、麦、麻、蔬诸种，纷纷可种。以再获偿半荒之亩，似亦相当也。

凡稻分秧之后数日，旧叶萎黄而更生新叶。青叶既长，则籽可施焉（俗名挞禾）。植杖于手，以足扶泥壅根，并屈宿田水草使不生也。凡宿田茵③草之类，遇籽而屈折。而稊稗与荼蓼非足力所可除者，则耘以继之。耘者苦在腰手，辨在两眸，非类既去，而嘉谷茂焉。从此泄以防潦，溉以防旱，旬月而奄观铚刈矣。

"字斟句酌" 查注释

① 牛力穷：缺少畜力。
② 吴郡：今江苏苏州一带。

③ 莔（wǎng）：一种生在田里的草，可作饲料。亦称"水稗子"。

"古文今解"看译文

凡是收割后不再耕种的稻田，应该在当年秋季翻耕、开垦，使稻茬腐烂在稻田里，所取得的肥效将是粪肥的一倍。如果秋天干旱没有水，或者是懒散的农家误了农时，到第二年春天才翻耕，最终的收获就要减少。在给稻田施肥的时候，只怕碰上连绵大雨，那时雨水一冲，肥分就会随水漂走。因此密切注意天气变化，就要靠老农的智慧了。稻田耕过一遍之后，有些勤快的农民还要耕上第二遍、第三遍，然后再耙田地，这样一来，土质就会粉碎得很均匀，而其中的肥分也能均匀分散开了。

有的农民家里缺少畜力，两个人就在犁上绑一根杠子，两人一前一后拉犁翻耕，干一整天，才能抵得上一头牛的劳动效率。如果犁耕后缺少畜力，就做个磨耙，两人用肩和手拉着耙，这样干上一整天相当于三头牛的劳动效率。我国中原地区只有水牛、黄牛两种。水牛力气要比黄牛大一倍。但是养水牛，冬季需要有牛棚来抵御酷寒，夏天还要有池塘供它洗澡，养水牛所花费的心力，也要比养黄牛的多一倍。耕牛在立春之前耕地时用力过度出了汗，一定要注意避免让耕牛淋雨，将要下雨时就赶紧将耕牛赶进牛棚。等到过了谷雨之后，任凭风吹雨淋也不怕了。

吴郡努力耕种的农民用铁锄代替犁，不用耕牛。我认为，贫苦的农户，如果合计一下购买耕牛的本钱和水草饲料的费用以及被盗窃、生病和死亡等意外损失，倒还不如用人力耕作划算些。比方说，有牛的农户能耕种十亩农田，而没牛的农户用铁锄，勤快些也能种上前者田数的一半。既然是没有牛，在秋收之后，也就不必考虑在田里种牛饲料及放牧的麻烦事儿，同时可以腾出手来种植豆、麦、麻、蔬菜等作物了。这样，用二次收获来补偿荒废了的那一半田地的损失，似乎也就和有牛的家庭差不多了。

　　水稻插秧以后，几天之内旧叶会变得枯黄而长出新叶来。新叶长出来后，就可以耔田了（俗名叫作"挞禾"）。手里拄着木棍，用脚把泥培在稻禾根上，并且把原来田里的小杂草踩进泥里，使它不能生长。稻田里的水稗子草之类的杂草，用前面的方法就能轻松解决。但是稗草、苦菜、水蓼等杂草却不是用脚力就能除掉的，必须紧接着耘田。耘田的人腰和手会比较辛苦些，认真分辨稻禾和稗草则要靠人的两只眼睛。除净了杂草，禾苗就会长得更茂盛。此后，还要排水防涝，灌溉防旱，一个月后，就要准备开镰收割了。

水利

"抑扬顿挫"读原文

　　凡稻，妨旱藉水，独甚五谷。厥土沙泥、硗①腻②，随方③不一。有三日即干者，有半月后干者。天泽不降，则人力挽水以济。凡河滨有制筒车者，堰陂障流，绕于车下，激轮使转，挽水入筒，一一倾于枧④内，流入亩中。昼夜不息，百亩无忧（不用水时，栓木碍止，使轮不转动）。其湖池不流水，或以牛力转盘，或聚数人踏转。车身长者二丈，短者半之。其内用龙骨拴串板，关水逆流而上。大抵一人竟日之力，灌田五亩，而牛则倍之。

　　其浅池、小浍⑤不载长车者，则数尺之车。一人两手疾转，竟日之功，可灌二亩而已。扬郡以风帆数扇，俟风转车，风息则止。此车为救潦，欲去泽水以便栽种。盖去水非取水也，不适济旱。用桔槔、辘轳，功劳又甚细已。

"字斟句酌"查注释

　　① 硗（qiāo）：（土地）不肥沃。
　　② 腻：指土壤肥沃。
　　③ 随方：根据地方。
　　④ 枧（jiǎn）：水槽。
　　⑤ 浍（kuài）：水沟。

"古文今解"看译文

　　在"五谷"之中，水稻是最怕旱情的，比其他各种谷物需要的水量都多。稻田的土质有沙土、黏土及地力贫瘠、肥沃的差别，各地情况都不一样。有的稻田灌水三天之后就干涸了，也有的半个月以后才干涸。如果天不降雨，就要靠人力引水浇灌来补救。靠近江河边有使用筒车的，先筑个堤坝阻挡水流，使水流绕过筒车的下部，冲激筒车的水轮，使水轮旋转起来，从而舀水进入筒内，这样一筒筒的水便会倒进引水槽，然后流进田里。这样昼夜不停地引水，即便浇灌上百亩田地也不成问题（不用水时，可用木栓卡住水轮，不让水轮转动）。在没有流水的湖边、池塘边，有的使用牛力拉动转盘进而带动水车，有的用几个人一齐踩踏来转动水车。水车车身长的达两丈，短的也有一丈。车内用龙骨连接一块块串板，笼住一格格的水使它向上逆行。一人用水车干一整天活儿，大概能浇灌田地五亩，用牛力功效能高出一倍。

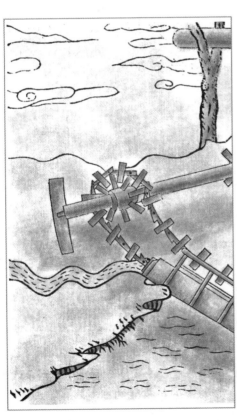

　　浅水池和小水沟，如果安放不下长水车，就可以使用几尺长的手摇
水车。一个人用两手握住摇把迅速转动，一天的工夫能浇灌两亩田地。
扬郡一带使用几扇风帆，以风力带动水车，刮风时水车旋转，风停水车
也就停止不动。这种车是专为排涝使用的，排除积水以便于栽种。因为
是用来排涝而不是用于取水灌溉的，所以并不适于抗旱。至于使用桔槔
和辘轳取水灌溉，那工效就更低了。

桔槹

墜石

井

堰

麦

　　凡麦有数种。小麦曰来，麦之长也；大麦曰牟，曰穬；杂麦曰雀，曰荞。皆以播种同时、花形相似、粉食同功，而得麦名也。四海之内，燕、秦、晋、豫、齐、鲁诸道，烝民粒食①，小麦居半，而黍、稷、稻、粱仅居半。西极川、云，东至闽、浙，吴、楚腹焉②，方长六千里中种小麦者，二十分而一，磨面以为捻头、环饵、馒首、汤料③之需，而饔飧④不及焉。种余麦者，五十分而一，闾阎⑤作苦，以充朝膳，而贵介⑥不与焉。

　　穬麦独产陕西，一名青稞，即大麦，随土而变，而皮成青黑色者，秦人专以饲马，饥荒人乃食之。（大麦亦有粘者，河洛用以酿酒）。雀麦细穗⑦，穗中又分十数细子，间亦野生。荞麦实非麦类⑧，然以其为粉疗饥，传名为麦，则麦之而已。

　　凡北方小麦，历四时之气，自秋播种，明年初夏方收。南方者，种与收期，时日差短。江南麦花夜发，江北麦花昼发，亦一异也。大麦种获期与小麦相同。荞麦则秋半下种，不两月而即收。其苗遇霜即杀，邀天降霜迟迟，则有收矣。

　　① 烝民粒食：老百姓以粮为食。

　　② 腹焉：其中部。

　　③ 捻头、环饵、馒首、汤料：大致相当于今天的花卷、面饼、馒头及汤面馄饨之类。

　　④ 饔飧（yōng sūn）：早饭和晚饭。

　　⑤ 闾阎（lú yán）：指平民。

⑥贵介：富贵之家。

⑦细穗：细小的麦穗。

⑧荞麦实非麦类：在现代的植物分科中，麦为禾本科，而荞麦属蓼科。

"古文今解"看译文

　　麦子有好多种。小麦叫作"来"，是麦子中最主要的种类。大麦有叫作"牟"的，也有叫作"穬"的。其他的杂麦有叫作"雀"的，有叫作"荞"的。都是因为它们的播种时间相同，花的形状相似，又都是磨成面粉来食用的，所以都称为麦。在我国，河北、陕西、山西、河南、山东等地，老百姓吃的粮食当中，小麦占了一半，而黍子、小米、稻子、高粱等加起来总共占了一半。最西到四川、云南，东到福建、浙江以及江苏和江西、湖南、湖北等中部地区，方圆六千里之中，种植小麦的大约占了二十分之一。将小麦磨成面粉用来做花卷、饼糕、馒头和汤面等食用，但不归入早晚正餐。种植其他麦类的只有五十分之一，老百姓平时劳作辛苦，把它们拿来当早餐吃，富贵人家是不会吃的。

　　稞麦只产在陕西一带，又叫青稞，也就是大麦，它随土质的差别而皮色相应变化，皮成青黑色的，陕西人专门用它来喂马，只有在饥荒的时候人们才吃它。（大麦也有带黏性的，在黄河、洛水之间的地区人们用它来酿酒）。雀麦的麦穗比较细小，每个麦穗中又分长开十多个小麦粒，这种麦偶尔也有野生的。至于荞麦，它实际上并不算是麦类，但因为人们也用它磨粉充饥，麦的名称流传下来，所以也就归为麦类了。

　　北方的小麦，经历秋、冬、春、夏四季的气候变化，在秋天播种，第二年初夏时节才能收割。南方的小麦，从播种到收割的时间相对短一些。江南麦子晚间开花，江北麦子白天开花，这也是一种差异。大麦的播种和收割的日期与小麦基本相同。荞麦则应在仲秋时播种，不到两个月就可以收割了。荞麦苗遇到霜就会冻死，所以希望得天时，降霜的时间相对晚些，荞麦就可能丰收了。

016

麦工

"抑扬顿挫" 读原文

　　凡麦与稻，初耕垦土则同，播种以后，则耘耔诸勤苦皆属稻，麦惟施耨①而已。凡北方厥土坟垆易解释②者，种麦之法耕具差异，耕即兼种③。其服牛起土④者，耒不用耕，并列两铁于横木之上，其具方语曰耩⑤。耩中间盛一小斗，贮麦种于内，其斗底空梅花眼。牛行摇动，种子即从眼中撒下。欲密而多，则鞭牛疾走，子撒必多；欲稀而少，则缓其牛，撒种即少。既撒种后，用驴驾两小石团，压土埋麦。凡麦种紧压方生。南方地不同北者，多耕多耙之后，然后以灰拌种，手指拈而种之。种过之后，随以脚跟压土使紧，以代北方驴石也。

　　耕种之后，勤议耨锄。凡耨草用阔面大镈⑥，麦苗生后，耨不厌勤（有三过、四过者），余草生机尽诛锄下，则竟亩精华尽聚嘉实矣。功勤易耨，南与北同也。凡粪麦田，既种以后，粪无可施，为计在先也。陕洛之间，忧虫蚀者，或以砒霜拌种子；南方所用惟炊烬⑦也（俗名地灰）。南方稻田有种肥田麦者，不冀麦实⑧。当春小麦大麦青青之时，耕杀田中，蒸罨土性，秋收稻谷必加倍也。

　　凡麦收空隙，可再种他物。自初夏至季秋，时日亦半载，择土宜而为之，惟人所取也。南方大麦，有既刈之后乃种迟生粳稻者。勤农作苦，明赐无不及也。⑨凡荞麦，南方必刈稻，北方必刈菽、稷而后种。其性稍吸肥腴，能使土瘦。然计其获入，业偿半谷有余，勤农之家，何妨再粪⑩也。

"字斟句酌" 查注释

　　①耨（nòu）：锄草。

②厥土坟垆易解释：其土质疏松易于分解。

③耕即兼种：耕的同时也进行播种。

④服牛起土：套上牛来翻地。

⑤耩（jiǎng）：北方又叫耧。其具可耕可播，单耕叫耩地，兼播则叫摇耧。

⑥镈（bó）：古代锄一类农具。

⑦炊烬：即灶中草木灰。

⑧不冀麦实：不指望收获麦粒。

⑨勤农作苦，明赐无不及也：勤劳的农民付出了劳苦，大自然总是会给他相应的回报的。

⑩再粪：再次施肥。

"古文今解" 看译文

　　种麦子与种水稻在最初翻土整地时的工序相同。但播种以后，种水稻还需要多次耘、耔等勤苦的劳动，麦田却只要锄锄草就可以了。北方的土壤是容易耕作的疏松黑土，种麦的方法和工具都与种稻子有所不同，耕和种是同时进行的。用牛拉着起土的农具，不装犁头，而装一根横木，在横木上并排着安装两块尖铁，当地把它称为"耩"。"耩"的中间装个小斗，斗内盛麦种，斗底钻些梅花眼。牛走时摇动斗，种子就从眼中撒下。如想要种得又密又多，就赶牛快走，种子就撒得多；如要稀些少些，就让牛慢走，撒种就少。播种后，用驴拖两个小石

南種牟麥圖

踵力盖緊

磟压土埋麦种。土压紧了，麦种才能发芽。南方与北方不同，南方麦田必须经过多次耕耙，然后用草木灰拌种，用手指拈着种子点播，接着用脚跟把土踩紧，代替北方用驴拉石磟子压土。

播种后，要勤于锄草。锄草要用宽面大锄。麦苗生出来后，锄得越勤越好（有锄三四次的），杂草锄尽，田里的全部肥分就都能用来结成饱满的麦粒了。越勤奋草就越容易除净，这在南方和北方都是一样的。麦田应当预先施足基肥，在播种后就不要施肥了。陕西和河南洛水地区，怕害虫蛀蚀麦种，有用砒霜拌种的，南方则只用草木灰（俗称地灰）拌种。南方稻田有种麦子来肥田的，并不要求收获麦粒，当春小麦或大麦还在青绿的苗期时，就把它们耕翻压死在田里，做绿肥改良土壤，秋收时稻谷的产量必定能倍增。

麦收后的空隙，可再种其他作物。从夏初到秋末，有近半年时间，完全可以因地制宜地选种其他一些作物，由人决定。南方就有在大麦收割后再种植晚熟粳稻的。农民的辛勤劳动，总会得到酬报。荞麦是在南方收割水稻后和北方收割豆、谷子后才种的。荞麦的特性是吸收肥料较多，会使土壤变瘦。但算来它的产量抵得上原先谷物的一半还多，因此，勤劳的农家又何妨再施些肥料呢！

黍稷、粱粟

 "抑扬顿挫" 读原文

凡粮食，米而不粉者种类甚多。相去数百里，则色、味、形、质随方而变，大同小异，千百其名。北人唯以大米呼粳稻，而其余概以小米名之。凡黍与稷同类，粱与粟同类。黍有粘[1]有不粘（粘者为酒），稷有粳无粘。凡粘黍、粘粟统名曰秫，非二种外更有秫也。黍色赤、白、黄、

黑皆有，而或专以黑色为稷，未是。至以稷米为先他谷熟，堪供祭祀，则当以早熟者为稷，则近之矣。

凡黍在《诗》《书》，有虋②、芑③、秬④、秠⑤等名，在今方语有牛毛、燕颔、马革、驴皮、稻尾等名。种以三月为上时，五月熟；四月为中时，七月熟；五月为下时，八月熟。扬花、结穗总与来、牟不相见也。凡黍粒大小，总视土地肥硗、时令害育。宋儒拘定以某方黍定律，未是也。

凡粟与粱统名黄米。粘①粟可为酒，而芦粟一种，名曰高粱者，以其身高七尺如芦、荻也。粱粟种类名号之多，视黍稷犹甚，其命名或因姓氏、山水，或以形似、时令，总之不可枚举。山东人唯以谷子呼之，并不知粱粟之名也。

已上四米，皆春种秋获，耕耨之法与来、牟同，而种收之候则相悬绝云。

"字斟句酌" 查注释

① 粘：旧同黏。在译文中，用现代用法"黏"。粘黍、粘粟为名词，在译文中仍用"粘"。

② 虋（mén）：红色的粟米。

③ 芑（qǐ）：白色的粟米。

④ 秬（jù）：黑黍。

⑤ 秠（pī）：黑黍的一种。每个壳中有二颗米。

"古文今解" 看译文

粮食作物中碾成粒而不磨成粉来食用的品种有很多。相距仅几百里地，粮食的颜色、味道、形状和品质就大不一样了，大同小异，其名称却是成百上千。北方人只把粳稻叫大米，其余的都叫小米。黍与稷同属一类，粱与粟又属同一类。黍也有黏的与不黏的之分（黏的可以做酒），

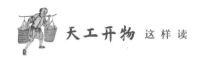

稷只有不黏的，没有黏的。粘黍、粘粟统称为"秫"，并非除这两种以外还另有叫"秫"的作物。黍有红色、白色、黄色、黑色等色，有人专把黑色的黍称为稷，这是不正确的。至于说因为稷米比其他谷类早熟，更适宜于祭祀，因此把早熟的黍称作稷，这个说法还差不多。

在《诗经》《尚书》中记载，黍有虋、芑、秬、秠等名称，现在的方言中也有牛毛、燕颔、马革、驴皮、稻尾等名称。黍最早的在三月下种，五月成熟；稍晚的也是在四月下种，七月成熟；最晚则是五月下种，八月成熟。其开花和结穗总和大麦、小麦不在同一时间。黍粒的大小是由土地肥力的厚薄、时令的好坏所决定的。宋朝的儒生死板地以某个地区的黍粒为依据来规定度量衡的标准，这是错误的。

粟与粱统称黄米，粘粟还可以用于做酒。此外，有一种芦粟名叫高粱，是因为它的茎秆高达七尺，很像芦、荻。粱粟的种类、名称，比黍和稷的还要多。它们有的用人的姓氏或山水来命名，有的则根据其形状和时令来命名，总之无法一一列举出来。山东人并不知道粱粟有这些名称，把它们都统称为谷子。

以上四种粮米，都是在春天播种秋天收获的。它们耕作的方法与大麦、小麦的耕作方法相同，但播种和收割的时间，却和麦子相差很远。

乃服

NAIFU

"赏奇析疑" 谈方法

这一章的内容是古代的纺织工艺，记述了丝、棉、麻、皮的来源和制造过程，更可贵的是，这里记载了重要的科技史料——良种蚕的选种和培育技术。"乃服"一词出自《千字文》："乃服衣裳。"宋应星认为，人是万物之灵，必须要穿衣服，而且衣服不仅是遮羞避寒的物品，更是文明和礼仪的象征。因此，他把穿衣吃饭当作人生最重要的两件大事，放在全书的最前面。

"知人论世" 聊背景

宋应星（1587—? 年），字长庚，江西奉新县人。其曾祖父宋景于明正德、嘉靖年间累官吏、工二部尚书改兵部参赞机务，入为左都御史。祖父宋承庆，字道征，县学廪膳生员。父宋国霖，字汝润，号巨川，庠生。弟兄四人，胞兄宋应昇，同父异母兄宋应鼎、弟宋应晶。

"抑扬顿挫" 读原文

宋子曰：人为万物之灵，五官百体①，赅②而存焉。贵者垂衣裳，煌煌山龙③，以治天下。贱者裋褐④、枲裳⑤，冬以御寒，夏以蔽体，以自别于禽兽。是故其质则造物之所具也。属草木者为枲、麻、苘、葛，属禽兽与昆虫者为裘、褐、丝、绵。各载其半，而裳服充焉矣。

天孙机杼⑥，传巧人间。从本质而现花，因绣濯而得锦。乃杼柚⑦遍天下，而得见花机之巧者，能几人哉？治乱、经纶字义⑧，学者童而习之，而终身不见其形象，岂非缺憾也？先列饲蚕之法，以知丝源之所自。盖人物相丽，贵贱有章，天实为之⑨矣。

"字斟句酌" 查注释

① 五官百体：人体的各种器官。

② 赅：完备。

③ 垂衣裳，煌煌山龙：煌煌，鲜明。山龙，绘绣在衣裳上的图案。

④ 裋（shù）褐：古时穷人穿的粗布衣服。

⑤ 枲（xǐ）裳：麻织的粗衣。枲，麻的一种。

⑥ 天孙机杼：天孙，天上的织女。机杼，织机。

⑦ 杼柚：织布机的主要部件，借指纺织。

⑧ 治乱、经纶字义：治乱、经纶，人们都作为治国的名词，其实这两组词全是由织布、治丝演变而来。学童自小诵读它，却不明其本源。

⑨ 贵贱有章，天实为之：人有贵贱，是天经地义，即以所穿衣服的等级而言，老天就生有丝、麻，以为区别。这种说法当然是不妥当的。

"古文今解" 看译文

宋先生说：人为万物之灵长，五官和全身肢体都长得很齐备。高贵的人穿着饰有山、龙等图案的华服而统治天下。卑贱者穿着粗布衣服，冬天用来御寒，夏天借以遮掩身体，以此与禽兽相区别。衣服的原料是自然界提供的。其中属于植物的有棉、大麻、苘麻和葛，属于禽兽昆虫的有裘皮、毛、丝、绵。二者各占一半，足够做衣服了。

巧妙如同天上的织女那样的纺织技术，已经传遍了人间。人们把原料纺出带有花纹的布匹，又经过刺绣、染色造就华美的锦缎。尽管人间织机普及天下，但是真正见识过花机巧妙的又能有多少人呢？像"治乱""经纶"这些词的原意，文人学士们自小就学习过，但他们终其一生都没有见过它的实际形象，对此难道不感到遗憾吗？现在我先来讲讲养蚕的方法，让大家明白丝是从何而来的。大概是人和衣服相互衬托，其中的贵与贱自然分明，这实在是上天的安排吧！

蚕种

"抑扬顿挫"读原文

凡蛹变蚕蛾，旬日破茧而出，雌雄均等。雌者伏而不动，雄者两翅飞扑，遇雌即交，交一日、半日方解。解脱之后，雄者忡枯而死，雌者即时生卵。承藉卵生者，或纸或布，随方所用（嘉、湖①用桑皮厚纸，来年尚可再用）。一蛾计生卵二百余粒，自然粘于纸上，粒粒匀铺，天然无一堆积。蚕主收贮，以待来年。

"字斟句酌"查注释

① 嘉、湖：今浙江嘉兴、湖州一带。

"古文今解"看译文

蚕由蛹变成蚕蛾，需要经过约十天的时间才能破茧而出，雌蛾和雄

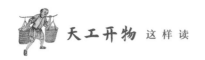

蛾数目大致相等。雌蛾伏着不活动，雄蛾振动两翅飞扑，遇到雌蛾就要交配，交配半天甚至一天才脱身。分开之后，雄蛾因体内精力枯竭而死，雌蛾立刻就开始产卵。承接蚕卵的材料，有的用纸有的用布，各地的习惯有所不同（嘉兴和湖州使用桑皮做的厚纸，第二年仍然可再使用）。一只雌蛾可产卵二百多粒，所产下的蚕卵自然地粘在纸上，一粒一粒均匀铺开，天然无一堆积。养蚕的人把蚕卵收藏起来，准备第二年用。

蚕浴

"抑扬顿挫" 读原文

凡蚕用浴法[①]，惟嘉、湖两郡。湖多用天露、石灰，嘉多用盐卤水。每蚕纸一张，用盐仓走出卤水二升，参水浸于盂内，纸浮其面（石灰仿此）。逢腊月十二即浸浴，至二十四，计十二日，周即漉起，用微火炡干。从此珍重箱匣中，半点风湿不受，直待清明抱产。其天露浴者，时日相同。以篾盘盛纸，摊开屋上，四隅小石镇压，任从霜雪、风雨、雷电，满十二日方收，珍重待时如前法。盖低种经浴，则自死不出，不费叶故，且得丝亦多也。晚种不用浴。

"字斟句酌" 查注释

① 蚕用浴法：浴蚕是古人用人工淘汰低劣蚕种的办法。

"古文今解" 看译文

浸浴蚕种的只有嘉兴、湖州两个地方。湖州多采用天露浴法和石灰

浴蠶

浴法，嘉兴则多采用盐卤水浴法。每张蚕纸用从盐仓流出来的卤水约两升，掺水倒在一个盆盂内，纸便会浮在水面上（石灰浴仿照此法）。每逢腊月开始浸种，从腊月十二日到该月二十四日，共浸浴十二天，到时候就把蚕纸捞起，用微火将水分烘干。然后小心妥善保管在箱盒里，不让蚕种受半点儿风寒湿气，一直等到清明节时才取出蚕卵孵化。天露浴的时间与前述方法相同。将蚕纸摊开平放在屋顶的竹篾盘上，将蚕纸的四角用小石块压住，任凭它经受霜雪、风雨、雷电吹打，放够十二天后再收起来。用前述相同方法珍藏起来等到时候再用。大概是孱弱的蚕种经过浴种就会死掉不出，所以不会浪费桑叶，而且这样处理后蚕吐丝更多。而对于一年中孵化、饲养两次的"晚蚕"则不需要浴种。

老足

"抑扬顿挫" 读原文

凡蚕食叶足候①，只争时刻。自卵出蚵②，多在辰巳二时，故老足③结茧亦多辰、巳二时。老足者，喉下两峡通明，捉时嫩一分则丝少。过老一分又吐去丝，茧壳必薄。捉者眼法高，一只不差方妙。黑色蚕不见身中透光，最难捉。

"字斟句酌" 查注释

①足候：成熟的时候。
②蚵：初生的蚕。
③老足：发育成熟的蚕。

足老

当蚕吃够了桑叶并日趋成熟的时候，要特别注意抓紧时间捉蚕结茧。蚕卵孵化在上午七点至十一点，所以成熟的蚕结茧也多在这个时间。老熟的蚕胸部透明。捉成熟的蚕时，如果捉的蚕嫩一分、不够成熟的话，吐丝就会少些；如果捉的蚕过老一分，因为它已吐掉一部分丝，这样茧壳必然会比较薄些。捉蚕的人要善于分辨蚕的成熟程度，如果能够做到一只不错才算高手。体色黑的蚕，它即便到了老熟时，也看不见身体透明的部分，因此最难辨捉。

治丝

凡治丝，先制丝车①。其尺寸器具开载后图。锅煎极沸汤。丝粗细视投茧多寡。穷日之力，一人可取三十两。若包头丝②则只取二十两，以其苗长也。凡缕罗丝③，一起投茧二十枚，包头丝只投十余枚。凡茧滚沸时，以竹签拨动水面，丝绪自见。提绪入手，引入竹针眼，先绕星丁头④（以竹棍做成，如香筒样），然后由送丝竿勾挂，以登大关车。断绝之时，寻绪丢上，不必绕接。其丝排匀不堆积者，全在送丝竿与磨木⑤之上。川蜀丝车制稍异。其法架横锅上，引四五绪而上，两人对寻锅中绪。然终不若湖制之尽善也。

凡供治丝薪，取极燥无烟湿者，则宝色不损。丝美之法有六字：一曰"出口干"，即结茧时用炭火烘；一曰"出水干"，则治丝登车时，用炭火四五两盆盛，去车关五寸许。运转如风时，转转火意照干，是曰"出水干"也（若晴光又风色，则不用火）。

"字斟句酌" 查注释

① 丝车：即缫车。
② 包头丝：用以织包头巾之丝即称"包头丝"。
③ 绫罗丝：用以织绫罗衣料的丝。较包头丝粗。
④ 星丁头：滑轮，用来导丝。与下文送丝竹、磨不等皆缫车部件，详见图。
⑤ 磨不（dǔn）：带动送丝竿的脚踏摇柄。

"古文今解" 看译文

　　缫丝先要制作缫车。其尺寸、部件都列在后面的插图中。缫丝时首先要将锅内的水烧滚开，把蚕茧放进锅中，生丝的粗细取决于投入锅中的蚕茧的多少。一个人劳作一整天，能得到三十两丝。如果是缫头巾等用的包头丝，就只能得到二十两，这是因为那种丝缕比较细。缫绫罗用的丝，一次要投进去二十个蚕茧；缫头巾等用的包头丝，只需投进去十几个蚕茧。当煮蚕茧的水滚沸的时候，用竹签拨动水面，丝头自然就会

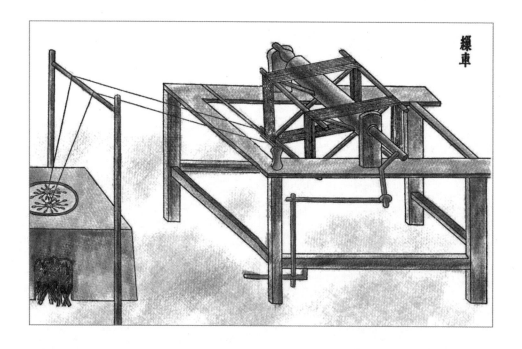

缫车

出现。将丝头提在手中，穿过竹针眼，先绕过星丁头（用竹棍做成，如香筒的形状），然后将丝挂在送丝竿上，再连接到大关车上。遇到断丝的时候，只要找到丝绪头搭上去，不必绕结原来的丝。如果想要丝在大关车上排列均匀而不会堆积在一起，关键要靠送丝竿和脚踏摇柄相互配合好。四川生产的缫车结构稍有不同，缫丝的方法，是把支架横架在锅上，两人面对面站在锅旁寻找丝绪头，一次牵引上四五缕丝上车，但这种方法终究不如湖州制作的缫车完善。

供缫丝用的柴火，要选择非常干燥且无烟的，这样的话丝的色泽就不会损坏。使丝质美好的办法有六字口诀：一叫"出口干"，即蚕结茧时用炭火烘干；一叫"出水干"，就是把丝绕上大关车时，用盆盛装四五两炭生火，放在离大关车五寸左右的地方。当大关车飞快旋转时，丝一边转一边被火烘干，这就是所说的"出水干"（如果是晴天又有风，就不用火烘烤了）。

纬络

"抑扬顿挫" 读原文

　　凡丝既籰①之后，以就经纬。经质用少，而纬质用多。每丝十两，经四纬六，此大略也。凡供纬籰，以水沃湿丝，摇车转锭②而纺于竹管之上（竹用小箭竹）。

"字斟句酌" 查注释

　　① 既籰（yuè）：用绕丝棒绕完丝。
　　② 锭：丝锭。

"古文今解" 看译文

　　丝在籰上绕好以后，就可做经线和纬线了。经线用的丝少，纬线用的丝多。每十两丝，经线用四两，纬线用六两，这是大致情况。供卷线用的籰（绕丝棒），先用水淋湿浸透上面的丝以后，才摇动大关车转锭将丝缠绕于竹管之上（竹管是用小箭竹做的）。

机式①

"抑扬顿挫" 读原文

　　凡花机②，通身度长一丈六尺，隆起花楼，中托衢盘，下垂衢脚。（水磨竹棍为之，计一千八百根）对花楼下掘坑二尺许，以藏衢脚。（地气湿者，架棚二尺代之）提花小厮坐立花楼架木上。机末以的杠卷丝，

中用叠助木两枝直穿二木，约四尺长，其尖插于筘两头。

叠助，织纱罗者视织绫绢者减轻十余斤方妙。其素罗不起花纹，与软纱绫绢踏成浪、梅小花者，视素罗只加桄二扇。一人踏织自成，不用提花之人闲住花楼，亦不设衢盘与衢脚也。

其机式两接③。前一接平安④，自花楼向身一接，斜倚低下尺许，则叠助力雄。若织包头细软，则另为均平不斜之机，坐处斗二脚，以其丝微细，防遏叠助之力也。

"字斟句酌" 查注释

① 机式：花机式样。

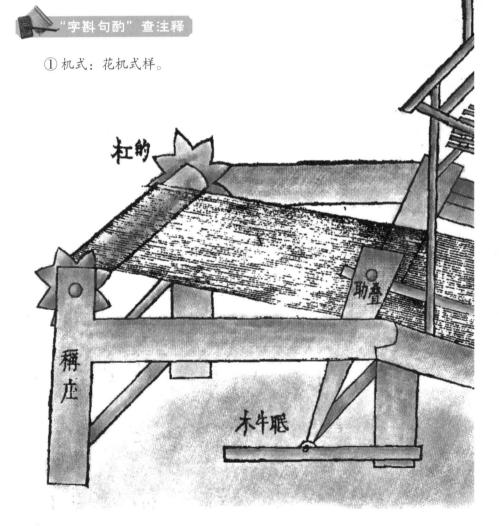

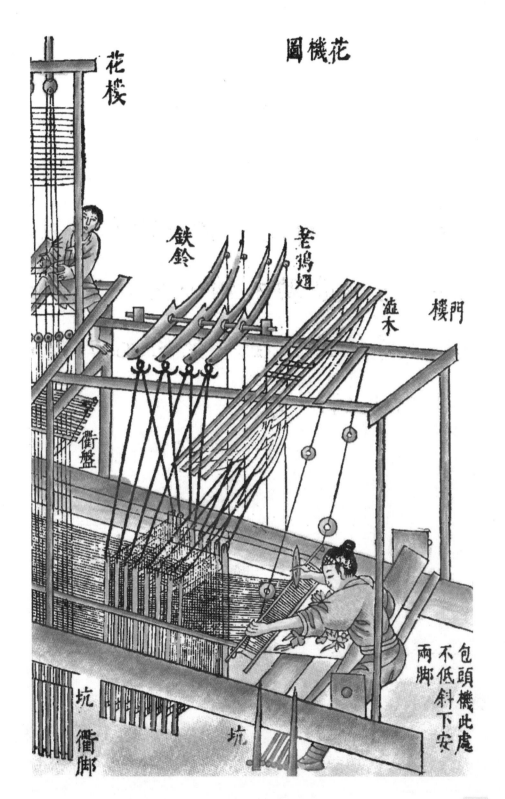

花機圖

花楼

鉄鈴

老鴉翅

門楼

溜木

衢盤

坑

衢脚

坑

包頭機此處
不低斜下安
兩脚

② 花机：提花机。

③ 两接：两截。

④ 平安：水平安装。

 "古文今解"看译文

提花机全长约一丈六尺，其中高高耸起的是花楼，中间托着的是衢盘，下面垂着的是衢脚。（用加水磨光滑的竹棍做成，共有一千八百根）在花楼的正下方挖一个约两尺深的坑，用来安放衢脚。（如果地底下潮湿，就可以架两尺高的棚来代替）提花的小工，坐在花楼的木架子上。花机的末端用经轴卷丝，中间用叠助木两根，垂直穿接两根约四尺长的木棍，木棍尖端分别插入织筘的两头。

织纱、罗用的叠助木比织绫、绢的要轻十多斤才算好。素罗不用起花纹。此外，要在软纱、绫、绢上织出波浪纹和梅花等小花纹，只需比织素罗多加两片综框，由一个人踏织就可以了。而不用提花的人闲坐在提花机的花楼上，也不用设置衢盘与衢脚。

花机分为两段，前一段水平安放，自花楼朝向织工的一段，向下倾斜一尺多，这样叠助木的力量就会大些。如果织包头纱一类的细软织物，就要重新安放一个水平不倾斜的花机。在人坐的地方装上两个脚架，因为那种织包头纱的丝很细，要防止叠助木的冲力过大。

布衣

 "抑扬顿挫"读原文

凡棉布御寒，贵贱同之。棉花，古书名枲麻①，种遍天下。种有木棉、草棉两者，花有白、紫二色，种者白居十九，紫居十一。凡棉春种

036

秋花，花先绽者逐日摘取，取不一时。其花粘子于腹，登赶车而分之。去子取花，悬弓弹化。（为挟纩温衾、袄者，就此止功②）弹后以木板擦成长条，以登纺车，引绪纠成纱缕。然后绕篗、牵经就织。凡纺工能者一手握三管，纺于铤上（捷则不坚）。

凡棉布寸土皆有，而织造尚松江，浆染尚芜湖。凡布缕紧则坚，缓则脆。碾石③取江北性冷质腻者（每块佳者值十余金）。石不发烧，则缕紧不松泛。芜湖巨店，首尚佳石。广南为布薮而偏取远产，必有所试矣。为衣敝浣，犹尚寒砧捣声④，其义亦犹是也。

外国，朝鲜造法相同，惟西洋则未核其质，并不得其机织之妙。凡织布有云花、斜文、象眼等，皆仿花机而生义。然既曰布衣，太素⑤足矣。织机十室必有⑥，不必具图。

"字斟句酌" 查注释

① 棉花古书名枲麻：枲即麻之雄株，与棉花无涉。棉花所织成之布，称白叠，为木棉所织成。

② 为挟纩温衾、袄者，就此止功：棉花经赶、弹之后，即成棉絮，可用来做棉被、棉袄，故曰可"就此止功"。

③ 碾石：浆染棉布时所用。

④ 为衣敝浣，犹尚寒砧捣声：布衣穿旧，在浣洗时还流行在石上捣衣。宋应星认为，这与染布用石也有一些关联。

⑤ 太素：不织任何花纹。

⑥ 十室必有：每十户人家之中，至少有一机。

"古文今解" 看译文

用棉衣御寒，穷人和富人都一样。在古书中棉花被称为"枲麻"，全国各地都有种植。棉花有木棉和草棉两种，花也有白色和紫色两种颜色。其中种白棉花的占了十分之九，种紫棉花的约占十分之一。棉花都是春天种下，秋天结棉桃，先裂开吐絮的棉桃先摘，而不是所有的棉桃同时摘取。棉籽藏在棉絮内，要将棉花放在赶车上将棉籽挤出去。棉花去籽以后，再用弹弓来弹松。（作为棉被和棉衣中用的棉絮，就加工到这一步为止）棉花弹松后用木板擦成长条，再用纺车纺成棉纱，然后绕在篗子上便可牵经织造了。熟练的纺纱工，一只手能同时握住三个纺锤，把三根棉纱纺在锭子上（纺得太快，棉纱就不结实了）。

各地都生产棉布，但棉布织得最好的是松江，浆染得最好的是芜湖。棉布的纱缕纺得紧的，棉布就结实耐用，纺得松的棉布就不结实。碾石要选用江北那种性冷质滑的（好的每块能值十多两银子）。用这种碾石碾布时石头不容易发热，棉布的纱缕就紧，不松懈。芜湖的大布店最注重用这种好碾石。广东是棉布集中的地方，但广东人却偏要用远地出产的碾石，一定是因为试用过后才这样做的。正如人们浆洗旧衣服时，喜欢放在性冷的石砧上捶打，道理也是如此。

　　至于外国，朝鲜棉布的织布方法与此相同，只是对西洋的棉布还没有研究，也不了解那里机织的特点。棉布上能织出云花、斜纹、象眼等花纹，都是仿照花机原理而织出的。但既然叫作布衣，用最朴实的织法也就行了。每十家之中必有一架织机，可见织机在百姓中用得十分普遍。因此也就不必附图了。

彰施

ZHANGSHI

"赏奇析疑" 谈方法

这一章讲的是服装的染色技术。"彰施"一词源于《尚书》："以五采彰施于五色，作服，汝明。"意思是把不同的颜色用在衣服上，可以区分地位等级。五色指青、红、黄、白、黑，在不同的朝代，人们崇尚的色彩也不同。这章内容总结了我国的色素提取、配制的方法，通过三种最基础的三原色染料，能调出二十八种颜色，充分展示了劳动人民的智慧。

"知人论世" 聊背景

宋应星十分博学多才，是个大杂家。他的著作颇丰，除了《天工开物》，还有杂文《野议》和天文著作《谈天》，他还有诗作《思怜诗》和记载了他的科学观的理论著作《论气》。他还对艺术颇有研究，著有音乐理论著作《画音归正》和《乐律》，可惜这两本书都失传了。

"抑扬顿挫" 读原文

宋子曰：霄汉之间云霞异色；阎浮之内①花叶殊形。天垂象而圣人则之②，以五彩彰施于五色③。有虞氏④岂无所用其心哉？飞禽众而凤则丹，走兽盈而麟则碧，夫林林青衣望阙而拜黄朱⑤也，其义亦犹是矣。君子曰："甘受和，白受采。"世间丝、麻、裘、褐皆具素质，而使殊颜异色得以尚焉。谓造物不劳心者，吾不信也。

"字斟句酌" 查注释

① 阎浮之内：阎浮提，佛经中语，或译南瞻部洲。本仅指印度本土，后用指整个人间世界。

② 天垂象而圣人则之：《周易·系辞上》，"天垂象，见吉凶，圣人象之；河出图，洛出书，圣人则之。"此处"天垂象"指上文所言云霞、花叶等自然界的景象。

③ 以五彩彰施于五色：《尚书·益稷》，"以五彩彰施于五色作服。"意即用各种颜色在衣服上染绘出各种图案。

④ 有虞氏：虞舜。

⑤ 林林青衣望阙而拜黄朱：林林，指众多。青衣，指百姓。黄朱，指身着黄袍的帝王和穿红袍的大官。此句是指用特殊的颜色规定贵人的衣服，以区别于众庶，正如百鸟中唯凤色丹，百兽中唯麟色碧。

"古文今解" 看译文

宋先生说：天空中的云霞有着七彩各异的颜色，大地上的花叶也是美丽多姿。大自然呈现出种种美丽景象，上古的圣人进行模仿，用染料将衣服染成青、黄、赤、白、黑五种颜色穿在身上，难道虞舜没有这种用心吗？众多飞禽之中只有凤凰的颜色是丹红色，成群走兽之中唯独麒麟是青碧色。那些身穿青衣的平民望着皇宫，向穿黄袍朱衣的帝王将相们遥拜，这也是同样的道理。有君子说："甜味可以与其他各种味道相调

合，白色可以染成各种色彩。"世界上的丝、麻、皮和粗布都是素的底色，因而才能染上各种颜色。如果说造物不花费心思，我是不相信的。

诸色质料

"抑扬顿挫"读原文

大红色（其质①红花饼一味，用乌梅水煎出，又用碱水澄数次。或稻稿灰代碱，功用亦同。澄得多次，色则鲜甚。染房讨便宜者先染芦木打脚②。凡红花最忌沉、麝③，袍服与衣香共收，旬月之间，其色即毁。凡红花染帛之后，若欲退转④，但浸湿所染帛，以碱水、稻灰水滴上数十点，其红一毫收转，仍还原质。所收之水藏于绿豆粉内，放出染红，半滴不耗。染家以为秘诀，不以告人）。

莲红、桃红色、银红、水红色（以上质亦红花饼一味，浅深分两⑤加减而成。是四色皆非黄茧丝所可为，必用白丝方现）。

木红色（用苏木煎水，入明矾、栀子⑥）。

紫色（苏木为地，青矾尚之）。

赭黄色（制未详）。

鹅黄色（黄檗煎水染，靛水盖上）。

金黄色（栌木煎水染，复用麻稿灰淋碱水漂）。

茶褐色（莲子壳煎水染，复用青矾水盖）。

大红官绿色（槐花煎水染，蓝淀盖，浅深皆用明矾）。

豆绿色（黄檗水染，靛水盖；今用小叶苋蓝煎水盖者，名草豆绿，色甚鲜）。

油绿色（槐花薄染，青矾盖）。

天青色（入靛缸浅染，苏木水盖）。

葡萄青色（入靛缸深染，苏木水深盖）。

蛋青色（黄檗水染，然后入靛缸）。

翠蓝、天蓝二色（二色俱靛水，分深浅）。

玄色（靛水染深青，栌木、杨梅皮等分煎水盖。又一法：将蓝芽叶水浸，然后下青矾、栌子同浸，令布帛易朽）。

月白、草白二色（俱靛水微染，今法用苋蓝煎水，半生半熟染）。

象牙色（栌木煎水薄染，或用黄土）。

藕褐色（苏木水薄染，入莲子壳，青矾水薄盖）。

附：染包头青色（此黑不出蓝靛，用栗壳或莲子壳煎煮一日，漉起，然后入铁砂、皂矾锅内，再煮一宵即成深黑色）。

附：染毛青布色法（布青初尚芜湖千百年矣，以其浆碾成青光，边方、外国皆贵重之。人情久则生厌。毛青乃出近代，其法：取松江美布，染成深青，不复浆碾，吹干，用胶水参豆浆水一过，先蓄好靛，名曰标缸，入内薄染即起。红焰之色隐然。此布一时重用）。

"字斟句酌" 查注释

① 质：此指所用材料。

② 打脚：打底色。

③ 沉、麝：沉香、麝香。

④ 退转：还原本色。

⑤ 分两：分量。

⑥ 栌（bèi）子：即五倍子。

"古文今解" 看译文

染大红色（原料只有红花饼一种，用乌梅水煎煮出来后，再用碱水澄清几次。如果用稻草灰代替碱水，效果大致相同。多澄清几次之后，颜色就会非常鲜艳。有的染家图便宜，先将织物用黄栌木水染上黄色打底子。红花最怕沉香和麝香，如果红色衣服与这类香料放在一起，十天到一个月，衣服的颜色就要毁掉了。用红花染过的红色丝帛，如果想要恢复原来的颜色，只要把所染的丝帛浸湿，滴上几十滴碱水或者稻灰水，红色就可以完全褪掉，恢复丝帛原来的颜色了。将洗下来的红色水倒在绿豆粉里进行收藏，下次再用它来染红色，半滴也不会耗损。染坊把这种方法作为秘方，不向外传播）。

染莲红色、桃红色、银红色、水红色（染以上四种颜色所用的原料也是红花饼，颜色的深浅根据所用的红花饼分量的多少而定。黄色的蚕茧丝不能染成这四种颜色，只有白色的蚕茧丝才可以）。

染木红色（用苏木煎水，再加入明矾、五倍子染成）。

染紫色（用苏木水染上底色，再用青矾作为配料一起渲染而成）。

染赭黄色（制法不太清楚）。

染鹅黄色（先用黄檗煮水染上底色，再用蓝靛水套染）。

染金黄色（先用黄栌木煮水染色，再用麻秆灰淋出的碱水漂洗）。

染茶褐色（用莲子壳煎水染色，再用青矾水染成）。

染大红官绿色（先用槐花煎水染色，再用蓝靛套染，浅色和深色都要用明矾来进行调节）。

染豆绿色（用黄檗水染上底色，再用蓝靛水套染。现在用小叶苋蓝煎水套染的，叫作草豆绿，颜色十分鲜艳）。

染油绿色（用槐花稍微染一下，再用青矾水染成）。

染天青色（放在靛缸里稍微染一下，再用苏木水套染而成）。

染葡萄青色（放进靛缸里染成深蓝色，再用深苏木水套染而成）。

染蛋青色（用黄檗水染，然后放入靛缸中染成）。

染翠蓝、天蓝色（这两种颜色都是用蓝靛水染成，只是深浅各有不同）。

染玄色（先用蓝靛水染成深蓝色，再用等量黄栌木和杨梅树皮煎水套染。还有一种方法：在蓝芽嫩叶水中先浸染过，然后再放进青矾、五倍子的水中一块浸泡；但是用这种方法浸染，容易使布和丝帛腐烂）。

染月白、草白色（都是用蓝靛水稍微染一下，现在的方法是用苋蓝煮水，煮到半生半熟的时候染）。

染象牙色（用黄栌木煎水稍微染一下，或者用黄土染）。

染藕褐色（用苏木水稍微染一下后，再放进莲子壳和青矾一起煮的水中进行渲染）。

附：

染包头巾用的青色（这种黑色不是用蓝靛染出来的，而是用栗子壳或莲子壳放在一块儿熬煮一整天，然后捞出来将水沥干，再加入铁砂、皂矾放进锅里面煮一整夜，就会变成深黑色）。

附：

染毛青布色法（布青色最初流行于安徽芜湖地区，到现在已有近千年的历史了。因为这种颜色的布经过浆碾之后带有青光，边远地区和国外的人都很珍爱它，将青布视为贵重的布料；但是人们用的时间长了，也就不那么稀罕它了。毛青色是近代才出现的，方法是用松江产的上等好布，先染成深青色，不再浆碾。吹干后，用掺胶水和豆浆的水过一遍，再放在预先装好的质量优良的靛蓝"标缸"里，稍微渲染一下就立即取出，于是布上就会隐隐约约带有红光。这种布曾经很受欢迎）。

蓝淀

凡蓝五种，皆可为淀①。茶蓝即菘蓝，插根活。蓼蓝、马蓝、吴蓝等皆撒子生。近又出蓼蓝小叶者，俗名苋蓝，种更佳。

凡种茶蓝法，冬月割获，将叶片片削下，入窖造淀；其身斩去上下，近根留数寸。薰干，埋藏土内；春月烧净山土，使极肥松，然后用锥锄（其锄勾末向身，长八寸许）。刺土，打斜眼，插入于内，自然活根生叶。其余蓝皆收子撒种畦圃中，暮春生苗，六月采实，七月刈身造淀。

凡造淀，叶者茎多者入窖，少者入桶与缸。水浸七日，其汁自来。每水浆一石下石灰五升，搅冲数十下，淀信即结。水性定时，淀沉于底。近来出产，闽人种山皆茶蓝，其数倍于诸蓝。山中结箬篓②，输入舟航。其掠出浮沫晒干者，曰靛花。凡靛入缸，必用稻灰水先和，每日手执竹棍搅动，不可计数。其最佳者曰标缸。

①淀：同"靛"，一种蓝色的染料。
②结箬篓：装入竹篓。

植物中蓝有五种，都可以用来制作深蓝色的染料，即蓝淀。茶蓝也就是菘蓝，扦插就能成活。蓼蓝、马蓝和吴蓝等都是播撒种子种植的。近来又出现了一种小叶的蓼蓝，俗称"苋蓝"，是一个更好的蓝品种。

种植茶蓝的方法是，在冬月割取茶蓝的时候，把叶子一片一片削下来，放进花窖里制成蓝淀。把茎秆的两头切掉，只在靠近根部的地方留下几寸长的一段，熏干后再埋在土里贮藏。到第二年春天时，放火将山上的杂草烧掉，使土壤变得松软肥沃，然后用锥锄（这种锄的锄钩向内弯曲，锄约长八寸）掘土，在土里打出斜眼，将保存的茶蓝根茎插进去，就会自然生根长叶子。其余的几种蓝都是把种子撒在园圃中，春末就会出苗，到六月采收种子，七月就可以将蓝茎割回来用于造淀了。

制作蓝淀的时候，茎和叶多的放进花窖里，少的放在桶里或缸里，加水浸泡七天，蓝汁就自然出来了。每一石蓝花汁液加入石灰五升，搅打几十下，就会凝结成蓝淀。水静放以后，蓝淀就积沉在底部。近来所生产的蓝淀，多用福建人在山地上种植的茶蓝制得，茶蓝的数量比其他蓝的总和还要多几倍。他们在山上将茶蓝装入箬篓子，再装上船往外运。制作蓝淀时，把撇出的浮沫晒干，叫作"靛花"。放在缸里的蓝淀一定要先用稻灰水搅拌调匀，每天用竹棍搅拌无数次，其中质量最好的叫作"标缸"。

红花

"抑扬顿挫" 读原文

红花场圃撒子种，二月初下种。若太早种者，苗高尺许即生虫如黑蚁，食根立毙。凡种地肥者，苗高二三尺。每路打橛[①]，缚绳横拦，以备狂风拗折。若瘦地，尺五以下者，不必为之。

红花入夏即放绽，花下作梂[②]汇，多刺，花出梂上。采花者必侵晨带露摘取。若日高露晞，其花即已结闭成实，不可采矣。其朝阴雨无露，放花较少，晞摘无妨，以无日色故也。红花逐日放绽，经月乃尽。入药用者，不必制饼。若入染家用者，必以法成饼然后用，则黄汁净尽，而真红乃现也。其子煎压出油。或以银箔贴扇面，用此油一刷，火上照干，

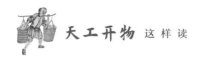

立成金色。

"字斟句酌" 查注释

① 每路打橛（jué）：每一行都打上桩子。
② 梂（qiú）：球状花萼。

"古文今解" 看译文

红花都是撒播种子在田圃里种植的，二月初就下种。如果种得太早，花苗长到一尺左右时，就会长出一种样子像黑蚂蚁的虫子，这种虫子咬食花的根部很快就会使花苗死亡。凡是种在肥沃的地里的红花，花苗能长到二尺到三尺高。这时候应该给每行红花打桩子，横拴绳子将红花拦起来，以防红花被狂风吹断。如果种在瘦地里，花苗高度在一尺半以下的就不必这样做。

红花到了夏天就会开花了，花下结出球状花托和花苞，花托的苞片上有很多刺，花就长在球状花托上。采花的人一定要在天刚亮红花还带着露水的时候摘取。如果等到太阳升起以后，露水干了，红花就已经闭合而不方便摘了。如果遇上下雨天而没有露水的早晨，花开得比较少，因为没有太阳，晚点摘也可以。红花是一天一天地开放的，大约一个月才能开完。作为药用的红花不必制成花饼。如果是要用来制染料的则必须按照一定的方法制成花饼后再用，这样黄色的汁液已经除尽了，真正的红色就显出来了。红花的子经过煎压后可榨出油，如果用银箔贴在扇面上，再刷上一层这种油，在火上烘干后，马上就会变成金黄色。

粹精

CUIJING

"赏奇析疑" 谈方法

本章讲的是粮食加工的方法，借"粹精"一词比喻去掉谷物外壳、取其精华的加工过程。在这个过程中，古代先民发挥自己的才智，发明了"水碓"这种具有多种用途的早期机器，充分利用水力，一边磨面一边碾米，还可灌溉，可以说它是系统工程的萌芽。

"知人论世" 聊背景

幼年的宋应星是个很聪明的孩子，几岁就会作诗。幼年时期，他与应升同在叔祖宋和庆家塾中读书八年。他勤奋好学，资质特异。一次因故起床很迟，应升已将限文七篇熟读背完，他则躺在床上边听边记，等馆师考问时，他琅琅成诵，一字不差，使馆师大为惊叹。年纪稍大时，他肆力钻研十三经传，学古文则自周、秦、汉、唐及《史记》《左传》《战国策》乃至诸子百家，无不贯通。

"抑扬顿挫" 读原文

宋子曰：天生五谷以育民。美在其中，有"黄裳"之意焉①。稻以糠为甲，麦以麸为衣，粟、粱、黍、稷毛羽隐然②。播精而择粹，其道宁终秘也③？饮食而知味者，食不厌精④。杵臼之利，万民以济，盖取诸"小过"⑤。为此者，岂非人貌而天者哉？

"字斟句酌" 查注释

① 有"黄裳"之意焉：《易·坤》，"黄裳，元吉。"在此借喻谷粒外有黄衣包裹，而其精华则在其中。

② 毛羽隐然：毛羽，与前之"甲""衣"均指粮食颗粒的外壳。毛羽隐然，指粟粱等为羽片状外壳所包裹。

③ 播精而择粹，其道宁终秘也：播，即簸扬之簸字。簸取其精而择其粹，其中的道理终究是会被人揭开的。

④ 食不厌精：引自《论语·乡党》，"食不厌精，脍不厌细。"

⑤ 杵臼（chǔ jiù）之利，万民以济，盖取诸"小过"："小过"为《易》之卦名，其象"艮下震上"。

"古文今解" 看译文

宋先生讲过：自然界中生长的各种谷物养活了人，谷粒包藏在黄色谷壳里，像身穿"黄裳"一样美。稻谷以糠皮作为甲壳，麦子用麸皮当作外衣，粟、粱、黍、稷的子实都如同隐藏在毛羽之中。通过扬簸和碾磨等工序将谷物去壳，加工成米和面，这些方法对于人们难道永远是一种秘密吗？讲究饮食滋味的人们，都希望粮食加工得越精美越好。加工谷物的杵臼，给万民带来了便利，这大概是受到了《易经》中"小过"一卦的卦象的启示吧。发明这一系列方法的人，难道不是凭借人类的超凡才智而只是凭神秘的天意吗？

攻稻

"抑扬顿挫"读原文

凡稻刈获之后，离稿取粒。束稿于手而击取者半，聚稿于场而曳牛滚石以取者半。凡束手而击者，受击之物，或用木桶，或用石板。收获之时雨多霁少，田稻交湿不可登场者，以木桶就田击取。晴霁稻干，则用石板甚便也。

凡服牛曳石滚压场中，视人手击取者力省三倍。但作种之谷，恐磨去壳尖减削生机，故南方多种之家，场禾多藉牛力，而来年作种者则宁向石板击取也。

凡稻最佳者九穰一秕①。倘风雨不时，耘耔失节，则六穰四秕者容有之。凡去秕，南方尽用风车扇去。北方稻少，用扬法，即以扬麦、黍者扬稻，盖不若风车之便也。

凡稻去壳用砻②，去膜用舂、用碾。然水碓主舂，则兼并砻功。燥干之谷入碾亦省砻也。凡砻有二种。一用木为之，截木尺许（质多用松），斫合成大磨形，两扇皆凿纵斜齿，下合植榫穿贯上合，空中受谷。木砻攻米二千余石，其身乃尽。凡木砻，谷不甚燥者入砻亦不碎，故入贡军、国漕储千万，皆出此中也。一土砻，析竹匡围成圈，实洁净黄土于内，上下两面各嵌竹齿。上合笋③空受谷，其量倍于木砻。谷稍滋湿者，入其中即碎断。土砻攻米二百石，其身乃朽。凡木砻必用健夫，土砻即孱妇弱子可胜其任。庶民饔飧皆出此中也。

凡既砻，则风扇以去糠秕，倾入筛中团转，谷未剖破者浮出筛面，重复入砻。凡筛，大者围五尺，小者半之。大者其中心偃隆而起，健夫利用；小者弦高二寸，其中平洼，妇子所需也。

凡稻米既筛之后，入臼而舂。臼亦两种。八口以上之家，掘地藏石臼其上，臼量大者容五斗，小者半之。横木穿插准头（碓嘴治铁为之，

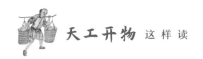

用醋淬合上），足踏其末而舂之。不及则粗，太过则粉④，精粮从此出焉。晨炊无多者，断木为手杵，其臼或木或石，以受舂也。既舂以后，皮膜成粉，名曰细糠，以供犬豕之豢。荒歉之岁，人亦可食也。细糠随风扇播扬分去，则膜尘净尽而粹精见矣。

凡水碓，山国之人居河滨者之所为也。攻稻之法省人力十倍，人乐为之。引水成功，即筒车灌田同一制度也。设臼多寡不一，值流水少而地窄者，或两三臼；流水洪而地室宽者，即并列十臼无忧也。

江南信郡⑤，水碓之法巧绝。盖水碓所愁者，埋臼之地，卑则洪潦为患，高则承流不及。信郡造法，即以一舟为地，撅桩维之⑥。筑土舟中，陷臼于其上。中流微堰石梁，而碓已造成，不烦椓木壅坡之力也。又有一举而三用者，激水转轮头，一节转磨成面，二节运碓成米，三节引水灌于稻田。此心计无遗者之所为也。

凡河滨水碓之国，有老死不见砻者，去糠去膜皆以臼相终始。惟风筛之法则无不同也。

凡碨⑦砌石为之，承藉、转轮皆用石。牛犊、马驹惟人所使。盖一牛之力，日可得五人。但入其中者，必极燥之谷，稍润则碎断也。

"字斟句酌" 查注释

① 九穰（ráng）一秕：十个谷壳中九个饱满，一个空瘪。

② 砻（lóng）：破壳去谷的碾磨型农具。

③ 筹（chōu）：装谷粒的竹编围子。

④ 不及则粗，太过则粉：用力不及则米粗，用力过大则米碎。

⑤ 信郡：广信府，今江西上饶一带。

⑥ 以一舟为地，撅桩维之：把一条船当成安装水碓之地，在岸上打下木桩，用绳把船拴牢。

⑦ 碨（wèi）：即磨。

"古文今解"看译文

稻子收割之后，就要脱粒。脱粒时，用手握稻秆摔打来脱粒的约占一半，把稻子铺在晒场上用牛拉石磙脱粒的也占一半。手工脱粒是手握稻秆在木桶上或石板上摔打。稻子收获的时候，如果遇上多雨少晴的天气，稻田和稻谷都很潮湿，不能把稻子收到晒场上去脱粒时，就用木桶在田间就地脱粒。如果遇上晴天稻子也很干，使用石板脱粒也就很方便了。

用牛拉石磙在晒场上压稻谷，要比手工摔打省力三倍。但是留着当稻种的稻谷，恐怕被磨掉保护谷胚的壳尖而降低种子发芽率。因此，南方种水稻较多的人家，大部分稻谷是在晒场上用牛力脱粒，但是留为种子的稻谷就宁可在石板上摔打脱粒。

最好的稻谷中九成是饱满的谷粒，只有一成是秕谷。如果风雨不调，耘耔不及时，那么稻谷也可能出现只有六成饱满而四成是秕子的情况。去掉秕谷的方法，南方都用风车扇去。北方稻子少，多用扬场的方法，也就是用扬麦子和黍子那样的办法来扬稻子，这总的来说不如用风车那样方便。

稻谷去壳用的是砻，去皮用的是舂或者碾；用水碓来舂，也就同时起了砻的作用。干燥的稻谷用碾加工也可以不用砻。砻有两种：一种是用木头做的，锯下一尺多长的原木（多用松木）砍削并合成磨盘形状，两扇都凿出纵向的斜齿，下扇用榫与上扇接合，将上扇中间挖空以便稻谷能从孔中注入。木砻如果加工到二千多石米就不能再用了。用木砻加工，即便是不太干燥的稻谷也不会被磨碎。因此，上缴的军粮和官粮，漕运或库存以千万石计，都要用木砻加工。另一种是土砻，破开竹子编织成一个圆筐，中间用干净的黄土填充压实，上下两扇都镶上竹齿。上扇安个竹篾漏斗用来装稻谷，土砻的装谷量比木砻要多一倍。稻谷稍微潮湿一点，在土砻中就会磨碎。土砻加工二百石米就坏了。使用木砻的必须是身体强壮的劳动力，而土砻即使是体弱力小的妇女儿童也能胜任。老百姓吃的米都是用土砻加工的。

　　稻谷用砻磨过以后，要用风车扇去糠秕，然后再倒进筛子里团团转动，未破壳的稻谷便浮到筛面上来，再倒入砻中加工。大的筛子周长五尺，小的筛子周长约为大筛的一半。大筛的中心稍微隆起，供强壮的劳动力使用；小筛的边高只有二寸，中心微凸，供妇女儿童使用。

　　稻米筛过以后，放到臼里舂，臼也有两种。八口以上的人家，一般是在地上挖坑埋石臼。大臼的容量是五斗，小臼的容量约为大臼的一半。另外用横木一条穿插入碓头（碓嘴是用铁做的，用醋滓将它和碓头黏合上），用脚踩踏横木的末端舂米。舂得不够时，米就会粗糙，舂得太过分，米就细碎了，精米都是这样加工出来的。人口不多的人家就截木做成手杵，用木头或石头做臼来舂米。舂过以后糠皮都变成了粉，叫作"细糠"，用来喂猪狗。遇到荒年，人也可以吃。细糠随风车扬去，糠皮灰尘都去除干净，留下的就是精白的大米了。

　　水碓是住在山区靠河边的人们创造的。用它来加工稻谷，要比人工省力十倍，因此人们都乐意使用水碓。利用水力带动水碓和利用筒车浇水灌田是同样的方法。设臼的多少没有一定的限制，如果流水量小而地方也狭窄，就设置两三个臼。如果流水量大而地方又宽敞，那么并排设置十个臼也不成问题。

　　江南广信府建造水碓的方法非常巧妙。建造水碓的困难在于选择埋臼的地方，如果臼石设在地势低处，可能会被洪水淹没，臼石设在地势太高的地方，水又流不上去。广信府造水碓的方法是用一条船作为地，打桩将船固定住。在船中填土埋臼。要是在河的中流筑一个小石坝，这样小碓也就造成功了，打桩筑坡的劳力也就可以节省下来了。此外，还有一举三用的水碓：利用水流的冲击使水轮转动，用第一节带动水磨磨面，第二节带动水碓舂米，第三节用来引水浇灌稻田，这是考虑得非常周密的人们创造出来的。

　　在使用水碓的河滨地区，有人一辈子也没有见过砻，那里的稻谷去壳去糠皮始终都用臼，唯独使用风车和筛子，各个地方都相同。

碾则是用石头砌成的，碾盘和转轮都是用石头做的。用牛犊或马驹来拉碾都可以，随人自便。一头牛干一天的劳动量，相当于五个人一天的劳动量，但是要碾的稻谷必须是晒得很干燥的，稍微潮湿一点儿，米就细碎了。

攻麦

"抑扬顿挫"读原文

凡小麦其质为面。盖精之至者，稻中再春之米；粹之至者，麦中重罗之面也。

小麦收获时，束稿击取，如击稻法。其去秕法，北土用扬，盖风扇流传未遍率土也。凡扬，不在宇下，必待风至而后为之。风不至，雨不收，皆不可为也。

凡小麦既扬之后，以水淘洗，尘垢净尽，又复晒干，然后入磨。凡小麦有紫、黄二种，紫胜于黄。凡佳者每石得面一百二十斤，劣者损三分之一也。

凡磨大小无定形。大者用肥犍力牛曳转。其牛曳磨时用桐壳掩眸，不然则眩晕；其腹系桶以盛遗，不然则秽也。次者用驴磨，斤两稍轻。又次小磨，则止用人推挨者。

凡力牛一日攻麦二石，驴半之。人则强者攻三斗，弱者半之。若水磨之法，其详已载《攻稻·水碓》中，制度相同，其便利又三倍于牛犊也。

凡牛、马与水磨，皆悬袋磨上，上宽下窄，贮麦数斗于中，溜入磨眼。人力所挨则不必也。

凡磨石有两种，面品由石而分。江南少粹白上面者，以石怀沙滓，相磨发烧，则其麸并破，故黑颣①参和面中，无从罗去也。江北石性冷腻，而产于池郡之九华山②者，美更甚。以此石制磨，石不发烧，其麸压至扁秕之极不破，则黑疵一毫不入，而面成至白也。凡江南磨二十日即断齿，江北者经半载方断。南磨破麸得面百斤，北磨只得八十斤，故上面之值增十之二，然面筋、小粉皆从彼磨出，则衡数已足，得值更多焉。

凡麦经磨之后，几番入罗，勤者不厌重复。罗匡之底，用丝织罗地绢为之。湖丝所织者，罗面千石不损，若他方黄丝所为，经百石而已朽也。凡面既成后，寒天可经三月，春夏不出二十日则郁坏③。为食适口，贵及时④也。

凡大麦则就舂去膜，炊饭而食，为粉者十无一焉⑤。荞麦则微加舂杵去衣，然后或舂或磨以成粉而后食之。盖此类之视小麦，精粗贵贱大径庭也。

"字斟句酌" 查注释

① 颣（lèi）：面粉里的碎麸皮。

② 池郡之九华山：今安徽贵池之南的九华山。

③ 郁坏：受潮而变质。

④ 及时：随吃随磨。

⑤ 为粉者十无一焉：把大麦磨成面粉来食用的十个人中无一人。

"古文今解" 看译文

小麦是面粉的原料。稻谷最精华的部分是舂过多次的稻米，小麦最精粹的部分是反复罗过多次的小麦面。

收获小麦的时候，用手握住麦秆摔打脱粒，和稻子手工脱粒的方法相同。去掉秕麦的方法，北方多用扬场的办法，这是因为风车的使用还没有普及全国。扬场不能在屋檐下，而且一定要等有风的时候才能进行。没有风或者下雨时都不能扬场。

小麦扬过后，用水淘洗将灰尘污垢完全洗干净，再晒干，然后入磨。小麦有紫皮和黄皮两种，其中紫皮的比黄皮的好些。好的小麦每石可磨得面粉一百二十斤，差一点儿的所得要减少三分之一。

磨的大小没有一定的规格，大的磨要用阉过的肥壮有力的牛来拉。牛拉磨时要用桐壳遮住牛的眼睛，否则牛就会转晕了。牛的肚子上要系上一只桶用来盛装牛的排泄物，否则就会把面弄脏了。小一点的磨用驴来拉，重量相对较轻些。再小一点的磨则只需用人来推。

一头壮牛一天能磨两石麦子，一头驴一天只能磨一石。强壮的人一天能磨麦三斗，而体弱的人只能磨一斗半。至于使用水磨的办法，已经在《攻稻·水碓》一节中详细讲述了，方法还是一样的，但水磨的功效是牛犊的三倍。

用牛马或水磨磨面，都要在磨上方悬挂一个上宽下窄的袋子，里面装上几斗小麦，让麦子慢慢滑入磨眼，而人力推磨时就用不着了。

造磨的石料有两种，面粉的品质随石料的差异而有所不同。江南很少出上等的精白面粉，就是因为磨石里含有渣滓，磨面时会发热，以致带色的麸皮破碎与面掺和在一起而无法罗去。江北的石料性凉而且细腻，池州府九华山出产的石料质地更好。用这种石头制成的磨，磨面时石头不会发热，麸皮虽然也轧得很扁但不会破碎，所以麸皮一点儿都不会掺混到面里，这样磨成的面粉就非常白了。江南的磨用二十天就可能磨钝了磨齿，而江北的磨要用半年才能磨钝磨齿。南方的磨由于把麸子一起磨碎，所以可以磨得一百斤面，北方的磨就只得八十斤上等面粉，所以上等面粉的价钱就要贵十分之二。但是从北方的磨里出来的麸皮还可以提取面筋和小粉，所以磨面的总体分量也是足够了，而得到的收益就更多了。

麦子磨过以后，还要多次入罗，勤劳的人们不怕重复。罗的底是用丝织的罗地绢制作的。如果用湖州一带出产的丝制成的罗地绢做罗底，

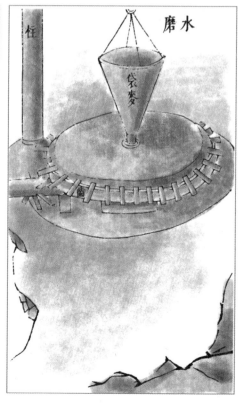

罗一千石面也不坏。如果用其他地方的黄丝织成的，罗过一百石面就坏了。面粉磨好后，在寒冷季节里可以存放三个月，春夏时节存放不到二十天就会受潮而变质。因此，为了面能质真味美，最好随磨随吃。

大麦一般是舂掉外皮后用来煮成饭而食用的，把大麦磨成面粉的不到十分之一。荞麦则是先用杵棒稍微舂一下，捣掉外皮，然后再舂或磨成面来吃。这些粮食与小麦相比，质地精粗与价格贵贱也就差得太远啦！

攻黍、稷、粟、粱、麻、菽

"抑扬顿挫" 读原文

凡攻治小米，扬得其实，舂得其精，磨得其粹。风扬、车扇而外，簸法生焉。其法：簸织为圆盘，铺米其中，挤匀扬播①。轻者居前，撲②弃地下；重者在后，嘉实存焉。

凡小米舂、磨、扬、播制器，已详《稻》《麦》之中。惟小碾一制在《稻》《麦》之外。北方攻小米者，家置石墩，中高边下，边沿不开槽。铺米墩上，妇子两人相向接手而碾之。其碾石圆长如牛赶石，而两头插木柄。米堕边时，随手以小篲③扫上。家有此具，杵臼竟悬④也。

凡胡麻刈获，于烈日中晒干，束为小把，两手执把相击，麻粒绽落，承藉以篁席也。凡麻筛与米筛小者同形，而目密五倍。麻从目中落，叶残角屑皆浮筛上而弃之。

凡豆菽刈获，少者用枷，多而省力者仍铺场，烈日晒干，牛曳石赶而压落之。凡打豆枷，竹木竿为柄，其端锥圆眼，拴木一条，长三尺许，铺豆于场，执柄而击之。凡豆击之后，用风扇扬去荚叶，筛以继之，嘉实洒然入廪⑤矣。是故，舂、磨不及麻，碾碾不及菽⑥也。

 "字斟句酌" 查注释

① 播：即簸字。

② 摋（shé）：积聚起来掉落。

③ 篲（huì）：竹扫帚。

④ 悬：悬置而不用也。

⑤ 廪：仓廪，粮库。

⑥ 舂、磨不及麻，碨碾不及菽：芝麻不用舂、磨，豆子不用磨和碾。

 "古文今解" 看译文

　　小米是这样加工的：扬净后得到实粒，舂后得到小米，磨后得到小米粉。除去风扬、车扇两法外，还有一种簸法。簸法是用荻条编成圆盘，把谷子铺在上面，均匀地扬簸。轻的秕糠会集中在前面，就从箕口抛弃到地下。重的留在后面，那就是饱满的实粒了。

　　加工小米用的舂、磨、扬、播等工具，已经详述于《攻稻》《攻麦》两节中。只是小碾这个工具，在《攻稻》《攻麦》两章节没有谈到。北方加工小米，在家里安置一个石墩，中间高，四边低，边沿不开槽。碾时，把谷子铺在墩上，妇女两人面对面，相互用手交接碾柄来碾压。碾石是长圆形的，好像牛拉的石磙子，两头插上木柄。米落到碾的边沿时，就随手用小扫帚扫进去。家里有了这种工具，就用不着杵臼了。

　　芝麻收割后，在烈日下晒干，扎成小把，然后两手各拿一把相互拍打，芝麻壳就会裂开，芝麻粒也就脱落了，下面用席子承接。芝麻筛和小的米筛形状相同，但筛眼比米筛密五倍。芝麻粒从筛眼中落下，叶屑和碎片等杂物浮在筛上抛掉。

　　豆类收割后，量少的用连枷脱粒，如果量多，省力的办法仍然是铺在晒场上，在烈日下晒干，用牛拉石磙来脱粒。打豆的连枷，是用竹竿或木杆作柄，柄的前端钻个圆孔，拴上一条长约三尺左右的木棒。把豆铺在场上，手执枷柄甩打。豆打落后，用风车扬去荚叶，再筛过，得到饱满的豆粒就可入仓了。所以说，芝麻用不着舂和磨，豆类用不着磨和碾。

作咸

ZUOXIAN

 "赏奇析疑" 谈方法

顾名思义，这一章讲的是制取盐的工艺。本章介绍了我国的几种主要盐来源——海盐、池盐、井盐等。在宋代以前，我国就有了挖套井取盐、天然气煮盐的技术。宋应星早就知道盐很重要，如果不吃盐，人就会变得没力气。在今天，我们依然采用古代的技术制盐，并且在这个基础上进行了创新，这也是"天工开物"精神的延续。

"知人论世" 聊背景

万历四十三年（1615年），宋应星与宋应升同举江西乡试，两人同榜考中举人，他名列第三。同年冬，他俩赴京师参加次年春天的全国会试，结果都没有考中。事后得知有人舞弊，状元的考卷竟是别人代作！天启元年（1621年），宋应星兄弟又一次上京赶考，仍未考中。以后，他对功名逐渐冷淡下来，而开始将主要精力用于游历考察，总结各地农业和手工业的生产技术和经验，为编纂一部科技巨著积累资料。

宋子曰：天有五气，是生五味①。润下作咸，王访箕子而首闻其义焉②。口之于味也，辛酸甘苦，经年绝一无恙③。独食盐，禁戒旬日，则缚鸡胜匹④，倦怠恹然。岂非天一生水⑤，而此味为生人生气之源哉？四海之中，五服⑥而外，为蔬为谷，皆有寂灭之乡⑦，而斥卤则巧生以待。孰知其所以然？

① 天有五气，是生五味：按中国古代"五行说"，东方木，味酸；南方火，味苦；西方金，味辛；北方水，味咸；中央土，味甘。见《尚书·洪范》及《礼记·月令》。

② 润下作咸，王访箕子而首闻其义焉：《尚书·洪范》序中说，武王伐殷，既胜，以箕子归镐京，访以天道，箕子为陈天地之大法，叙述其事，作《洪范》。《洪范》起首即说五行，"水曰润下，火曰炎上，木曰曲直，金曰从革，土曰稼穑。润下作咸，炎上作苦，曲直作酸，从革作辛，稼穑作甘"。本篇即以《作咸》命篇。

③ 经年绝一无恙：整年不吃其中之一味，对人身体没有什么影响。

④ 缚鸡胜匹：缚一只鸡，比捆匹牛马还吃力。

⑤ 天一生水：《汉书·律历志》中，"天以一生水，地以二生火，天以三生木，地以四生金，天以五生土。"也是五行说。

⑥ 五服：《尚书·禹贡》以九州之外，五百里甸服，五百里侯服，五百里绥服，五百里要服，五百里荒服，是为五服。

⑦ 为蔬为谷，皆有寂灭之乡：蔬菜五谷都不生的地方。

宋先生说：自然界有五种气，于是相应地产生了五种味道。水湿润而流动，具有盐的咸味，周武王访问箕子后才开始懂得了关于五行的道理。对于人来说，五味中的辣、酸、甜、苦，长期缺少其中任何一种对人的身体都没有多大影响，唯独食盐，十天不吃，人就会像得了病一样无精打采，软弱无力，甚至连只鸡也抓不住。这岂不正说明大自然产生水，而水中产生的盐质是人生命力的源泉吗？全国各地，无论是在京郊、内地，还是僻远的边疆，到处都有不长蔬菜和谷物等庄稼的不毛之地，然而即便在这些地方，食盐也能巧妙分布各处以供人们享用。有谁能知道这是什么道理呢？

盐产

 "抑扬顿挫" 读原文

凡盐产最不一：海、池、井、土、崖、砂石，略分六种，而东夷树叶①，西戎光明②不与焉。赤县之内，海卤居十之八，而其二为井、池、土碱。或假人力，或由天造。总之，一经舟车穷窘③，则造物④应付出⑤焉。

"字斟句酌" 查注释

① 东夷树叶：辽东少数民族食用的树叶盐。
② 西戎光明：西部少数民族食用的光明盐。
③ 舟车穷窘：交通不便的地方。
④ 造物：大自然。
⑤ 应付出：自然产生。

"古文今解" 看译文

食盐的出产来源很多。大体上可以分为海盐、池盐、井盐、土盐、崖盐和砂石盐等六种，但是东部少数民族地区出产的树叶盐和西部少数

民族地区出产的光明盐不包括在其中。在中国的广阔幅员之中，海盐的产量约占十分之八，其余十分之二是井盐、池盐和土盐。这些食盐有的是靠人工提炼出来的，有的则是天然生成的。总之，凡是在交通运输不便、外地食盐难以运到的地方，大自然都会就地提供出食盐以备人之用。

海水盐

"抑扬顿挫" 读原文

　　凡海水自具咸质。海滨地，高者名潮墩，下者名草荡，地皆产盐。同一海卤传神，而取法则异。

　　一法：高堰地，潮波不没者，地可种盐。种户各有区画经界，不相侵越。度诘朝①无雨，则今日广布稻、麦稿灰及芦茅灰寸许于地上，压使平匀。明晨露气冲腾，则其下盐茅②勃发。日中晴霁，灰、盐一并扫起淋煎。

　　一法：潮波浅被地，不用灰压，候潮一过，明日天晴，半日晒出盐霜，疾趋扫起煎炼。

　　一法：逼海潮深地，先掘深坑，横架竹木，上铺席苇，又铺沙于苇席之上。候潮灭顶冲过，卤气由沙渗下坑中。撒去沙、苇，以灯烛之，卤气冲灯即灭，取卤水煎炼。总之功在晴霁，若淫雨连旬，则谓之盐荒。又淮场地面，有日晒自然生霜如马牙者，谓之大晒盐。不由煎炼，扫起即食。海水顺风飘来断草，勾取煎炼，名蓬盐。

　　凡淋煎法，掘坑二个，一浅一深。浅者尺许，以竹木架芦席于上，将扫来盐料（不论有灰无灰，淋法皆同），铺于席上。四围隆起作一堤挡形③，中以海水灌淋，渗下浅坑中。深者深七八尺，受浅坑所淋之汁，然后入锅煎炼。

　　凡煎盐锅，古谓之牢盆，亦有两种制度。其盆周阔数丈，径亦丈许。

用铁者以铁打成叶片，铁钉拴合，其底平如盂，其四周高尺二寸，其合缝处一以卤汁结塞，永无隙漏。其下列灶燃薪，多者十二三眼，少者七八眼，共煎此盘。南海有编竹为者，将竹编成阔丈深尺，糊以蜃灰④，附于釜背。火燃釜底，滚沸延及成盐。亦名盐盆，然不若铁叶镶成之便也。凡煎卤未即凝结，将皂角椎碎，和粟米糠二味，卤沸之时投入其中搅和，盐即顷刻结成。盖皂角结盐，犹石膏之结腐也。

凡盐，淮、扬场者质重而黑，其他质轻而白。以量较之。淮场者一升重十两，则广、浙、长芦者只重六七两。凡蓬草盐，不可常期，或数年一至，或一月数至。凡盐，见水即化，见风即卤，见火愈坚。凡收藏不必用仓廪。盐性畏风不畏湿。地下叠稿三寸，任从卑湿无伤。周遭以土砖泥隙，上盖茅草尺许，百年如故也。

"字斟句酌" 查注释

①度：推测。诘朝：第二天。
②盐茅：盐像茅草一样丛生。
③堤垱形：堤坝的样子。
④蜃灰：蛤蜊壳烧成的灰。

"古文今解" 看译文

海水本身就具有盐分这种咸质。海滨地势高的地方叫作潮墩，地势低的地方叫作草荡，这些地方都能出产盐。同样是海盐，但它们制取所用的方法却各不相同。

一种方法是在海潮不能浸漫的岸边高地上种盐，各户都有自己的地段和界线，互不侵占。估计第二天会天晴，于是就在当天将一寸多厚的稻、麦稿灰及芦苇、茅草灰遍地撒上，压紧并使其平匀。第二天早上，地下湿气和露气都很重，灰下已经结满了盐茅。等到雾散天晴，过了中午就可以将灰和盐一起扫起来，拿去淋洗和煎炼。

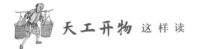

天工开物 这样读

　　另一种方法是，在潮水浅浅的地方，不用撒灰，只等潮水过后，如果第二天天晴，半天就能晒出盐霜来，然后赶快扫起来，加以煎炼。

　　还有一种方法是将海潮引至深处，在能被海潮淹没的地方预先挖掘一个深坑，上面横架竹或木棒，竹木上铺苇席，苇席上铺沙，当海潮盖顶淹过深坑时，卤气便通过沙子渗入坑内，将沙子和苇席撤去。用灯放在坑里照一照，当卤气能把灯冲灭，就可以取卤水出来煎炼了。总之，成功的关键在于能否天晴，如果阴雨连绵多日，盐被迫停产，这就叫作"盐荒"。在江苏淮扬一带的盐场，靠日晒而自然生成好像马牙似的盐霜，就叫作"大晒盐"。不需要再次煎炼，扫起来就可以食用了。此外，海水中顺风漂来的海草，人们捞起来熬炼而制出的盐叫作"蓬盐"。

　　盐的淋洗和煎炼的方法是挖一浅一深两个坑。浅的坑深约一尺左右，上面架上竹或木，在上面铺芦席，将扫起来的盐料（不论是有灰的还是无灰的，淋洗的方法都是一样的），铺在席子上面，四周堆得高些，做成堤坝形，中间用海水淋灌，盐卤水便可以渗到浅坑之中；深的坑约七到

八尺深，接受浅坑淋灌下的盐水，然后倒入锅里煎炼。

煎盐的锅古时候叫作"牢盆"，有两种规格和形制。牢盆的周长有好几丈，直径也有一丈多，其中一种是用铁做的，把铁锤打成叶片，再用铁钉铆合，盆的底部像盂那样平，盆边高一尺二寸，接口处经过卤汁结晶后堵塞住，就不会再漏了。牢盆下面砌灶烧柴，灶眼多的能有十二三个，灶眼少的也有七八个，用柴火同时烧煮一个锅。南海地区还有另外一种制法，用竹篾编成一个锅围，锅围的直径约一丈、深约一尺。在锅围上糊上蛤蜊灰并衔接在锅的边上。锅下烧火到使卤水沸腾，一直到逐渐结成盐。这种盆也叫作"盐盆"，但总体不如用铁片做成的锅那样方便省事。煎炼盐卤汁的时候，如果没有即时凝结，可以将皂角舂碎掺和粟米糠一起投入沸腾的卤水里搅拌均匀，盐分便会很快地结晶成盐粒。加入皂角而使盐凝结，就好像做豆腐时使用石膏一样。

各地出产的盐中，江苏淮扬一带出产的盐，又重又黑，其他地方出产的盐则是又轻又白。从重量上比较，淮扬盐场的盐，一升重约十两，而广东、浙江、长芦盐场的盐就只有六七两重。不能总期待有蓬草盐，蓬草有时好几年来一次，也有时一个月就来好几次。盐遇到水后就会溶解，遇到风后就会流盐卤，遇到火却愈发坚硬。储藏盐不必用仓库。盐的特性是怕风吹但不怕地湿，只要在地上铺三寸来厚的稻草秆，任凭地势低湿也没有什么妨害的。如果周围再用砖砌上，缝隙用泥封堵上，上面盖上一尺多厚的茅草，这样即使放置一百年也不会发生变质。

井盐

"抑扬顿挫"读原文

凡滇、蜀两省，远离海滨，舟车艰通，形势高上，其咸脉即蕴藏地中。

凡蜀中石山去河不远者，多可造井取盐。盐井周围不过数寸，其上口一小盂覆之有余，深必十丈以外，乃得卤信①，故造井功费甚难。

其器冶铁锥，如碓嘴形，其尖使极刚利，向石山春凿成孔。其身破竹缠绳，夹悬此锥。每春深入数尺，则又以竹接其身，使引而长。初入丈许，或以足踏碓梢，如春米形。太深则用手捧持顿下。所春石成碎粉，随以长竹接引，悬铁盏挖之而上。大抵深者半载，浅者月余，乃得一井成就。

盖井中空阔，则卤气游散，不克结盐故也。井及泉后，择美竹长丈者，凿净其中节，留底不去②，其喉下安消息③，吸水入筒，用长绠④系竹沉下，其中水满。井上悬桔槔、辘轳诸具，制盘驾牛，牛拽盘转，辘轳绞绠，汲水而上。入于釜中煎炼（只用中釜⑤，不用牢盆），顷刻结盐，色成至白。

西川有火井⑥，事奇甚。其井居然冷水，绝无火气。但以长竹剖开去节，合缝漆布，一头插入井底，其上曲接，以口紧对釜脐，注卤水釜中，只见火意烘烘，水即滚沸。启竹而视之，绝无半点焦炎意。未见火形而用火神，此世间大奇事也！

凡川、滇盐井，逃课掩盖至易，不可穷诘。

① 卤信：盐层。
② 留底不去：此长竹的最后一节不凿透。
③ 其喉下安消息：在最后一节的上部，安装阀门。
④ 长绠（gēng）：长绳。
⑤ 中釜：中号的锅。
⑥ 火井：即今之天然气井。

　　云南和四川两省，离海滨很远，交通也不便利，地势又很高，因此，那两个省的盐就蕴藏在地下。在四川，离河不远的石山上，多可以凿井取盐。盐井的圆周不过几寸，盐井的上口用一个小盂便能盖上，而盐井的深度必须要达到十丈以上，才能到盐卤水层，因此凿井的代价很大，要花费很长时间，也很艰难。

　　凿井的工具，使用的是铁锥，铁锥的形状很像碓嘴，要把铁锥的尖端做得非常坚固锋利，才能用它在石上冲凿成孔。夹悬铁锥的锥身是用破开两半的竹片做成，再用绳缠紧。每凿进数尺深，就要用竹竿子把它接上以增加它的身长。起初的这一丈多深，可以用脚踏碓梢，就像舂米那样。再深一些就用两手将铁锥举高然后再用力夯下去，把石头舂得粉碎，随后把长竹接在一起再捆上铁勺，把碎石挖出来。打一眼深井大约需要半年左右的时间，而打一眼浅井一个多月就能够成功了。

　　如果井眼凿得过大井中十分空阔时，卤气就会游散，以致不能凝结成盐。当盐井凿到卤水层能打出水后，挑选一根长约一丈的好竹子，将竹内的节都凿穿，只保留最底下的一节，并在竹节的下端安一个吸水的单向阀门以便汲取卤水入筒。用长绳拴上这根竹筒，将它沉到井底之下，竹筒内就会汲满了卤水。井上安装桔槔或辘轳等提水工具。操作方法是套上牛，用牛拉动转盘而带动辘轳绞绳把卤水汲上来。然后将卤水倒进锅里煎炼（只用中等大小的锅，而不用牢盆），很快就能凝结成雪白的盐了。

　　四川西部地区有一种火井，非常奇妙，火井里居然全都是冷水，完全没有一点热气。但是，把长长的竹子劈开去掉竹节，再拼合起来用漆布缠紧，将一头插入井底，另一头用曲管对准锅脐，把卤水接到锅里，只见热烘烘的，卤水很快就沸腾起来了。可是打开竹筒一看，却没有一点烧焦的痕迹。看不见火的形象而起到了火的作用，这真是人世间的一大奇事啊！

　　四川、云南两省的盐井，很容易遮盖掩藏逃避官税，难以追查。

井火煮鹽

甘嗜

GANSHI

 "赏奇析疑" 谈方法

这一章讲的是古代的制糖方法，包括蔗糖、蜂蜜等糖的制造工艺。"甘嗜"的意思是"喜欢甜味"，引申为制糖。除了制糖，本章还讲解了甘蔗的种植方法，可见在古代我国的甘蔗种植技术就很成熟了。

"知人论世" 聊背景

宋应星是一个很爱国的人。他生于明朝，在他的晚年时期，明朝灭亡，他目睹了清兵入关、明朝覆灭、改朝换代的整个悲痛历史。经历了亡国之痛的他，在清初毅然辞官，回到家乡种田为生，誓死不为清帝效劳，表现了他的民族气节。他痛恨那些投靠清政府，并且压迫无辜百姓的无耻汉人地主，还写文章痛骂他们。不仅如此，他还教导子孙后代一不科考，二不做官，他的后代一直谨遵他的教诲，世代务农，淡泊名利，过着与世无争的耕读生活。

"抑扬顿挫" 读原文

宋子曰：气至于芳，色至于靛①，味至于甘，人之大欲存焉。芳而烈，靛而艳，甘而甜，则造物有尤异之思矣。世间作甘之味，十八产于草木，而飞虫竭力争衡②，采取百花，酿成佳味，使草木无全功。孰主张是而颐养遍于天下哉？

"字斟句酌" 查注释

① 靛（qìng）：青黑色。
② 飞虫竭力争衡：飞虫指蜜蜂，它竭力与草木争夺在甘甜一味中的地位。

"古文今解" 看译文

宋先生说：芳香馥郁的气味，浓艳美丽的颜色，甜美可口的滋味，人们对这些东西都有着强烈的欲望。有些芳香特别浓烈，有些颜色特别艳丽，有些滋味尤为可口，这些在自然界有着特殊的安排！世间具有甜味的东西，八成来自于草木，而蜜蜂却极力争先，采集百花酿成佳蜜，使草木不能全部占有甜蜜的功劳。是谁在主宰这件事，而使天下人都为之受益呢？

蔗种

凡甘蔗有二种，产繁①闽、广间，他方合并得其十一而已。似竹而大者为果蔗，截断生啖，取汁适口，不可以造糖。似荻而小者为糖蔗，口啖即棘伤唇舌，人不敢食，白霜、红砂②皆从此出。

凡蔗古来中国不知造糖，唐大历间，西僧邹和尚游蜀中遂宁，始传其法③。今蜀中种盛，亦自西域渐来也。

凡种荻蔗，冬初霜将至，将蔗斫伐，去杪与根，埋藏土内（土忌洼聚水湿处）。雨水前五六日，天色晴明即开出，去外壳，斫断约五六寸长，以两节为率。密布地上，微以土掩之，头尾相枕，若鱼鳞然。两芽平放，不得一上一下，致芽向土难发。芽长一二寸，频以清粪水浇之。俟长六七寸，锄起分栽。

凡栽蔗必用夹沙土，河滨洲土为第一。试验土色，掘坑尺五许，将沙土入口尝味，味苦者不可栽蔗。凡洲土近深山上流河滨者，即土味甘，亦不可种。盖山气凝寒，则他日糖味亦焦苦。去山四五十里，平阳洲土择佳而为之（黄泥脚地，毫不可为）。

凡栽蔗治畦，行阔四尺，犁沟深四寸。蔗栽沟内，约七尺列三丛。掩土寸许，土太厚则芽发稀少也。芽发三四个或六七个时，渐渐下土，遇锄耨时加之。加土渐厚则身长根深，庶免欹倒之患。凡锄耨不厌勤过④，浇粪多少，视土地肥硗。长至一二尺，则将胡麻或芸苔枯⑤浸和水灌，灌肥欲施行内。高二三尺，则用牛进行内耕之。半月一耕，用犁一次垦土断旁根，一次掩土培根，九月初培土护根，以防砍后霜雪。

 "字斟句酌" 查注释

① 产繁：盛产于。

② 白霜、红砂：绵白糖、红砂糖。

③ "唐大历间" 句：这里有两处错误，一是邹和尚不是西僧，而是汉人；二是据南朝梁时陶弘景《本草经》注，中国以蔗制糖早在六朝时已开始，不始于唐。

④ 不厌勤过：越勤越好。

⑤ 胡麻或芸苔枯：芝麻饼或油菜籽饼。

"古文今解" 看译文

甘蔗大致有两种，主要盛产于福建和广东一带，其他各个地方所种植的，总共合起来也不过是这两个地方总产量的十分之一。甘蔗中形状像竹子而又比竹子大的，叫作果蔗，截断后可以直接生吃，汁液甜蜜可口，不适合于造糖；另一种像荻但比荻细小的，叫作糖蔗，生吃时容易刺伤唇舌，所以人们不敢生吃，白砂糖和红砂糖，都是用这种甘蔗制成的。

在中国古代还不懂得如何用甘蔗造糖，唐朝大历年间（766—779），西域僧人邹和尚到四川遂宁旅游的时候，才开始传授制糖的方法。现在四川大量种植甘蔗，这也是从西域逐渐传播开来的。

种植荻蔗的方法是，在初冬将要下霜时将荻蔗砍倒，去掉头和尾，埋在泥土里（注意不能埋在低洼积水潮湿的地方），在第二年雨水节气的前五六天，趁天气晴朗时将荻蔗挖出，剥掉外面的壳，砍成五六寸长一段，以每段都要留有两个节为准，把它们密排在地上，稍微盖上少量土，让它们像鱼鳞似的头尾相枕。每段荻蔗上的两个芽都要平放，不能一上一下，致使向下的种芽难以萌发出土。到荻蔗芽长到一两寸的时候，要注意经常浇灌清粪水；等到长至六七寸的时候，就要挖出来移植分栽了。

栽种甘蔗必须要选择夹沙土，靠近江河边的沙泥土是最适合的。鉴别土质的方法是挖一个深约一尺五寸左右的坑，将坑里的沙土放入口中尝尝味道，味道苦的沙土不能用来栽种甘蔗。靠近深山的河流上游的淤积土，即便是土味甘甜也不能用于栽种甘蔗，这是因为山地气候寒冷，将来制成的蔗糖的味道也会是焦苦的。应该在距山四五十里的平坦宽阔、阳光充足的沙泥土中，选择最好的地段来种植（黄泥土根本不适合于种植甘蔗）。

栽种甘蔗时要整地造畦，将畦垄耕成行距四尺、深四寸的沟。把甘蔗栽种在沟内，约七尺栽种三株，盖上一寸多厚的土，土太厚出芽就会稀少些。每株甘蔗长到三四个或六七个芽，就逐渐将两旁的土推到沟里，在每次中耕锄草时都要培土。培的土越来越厚，甘蔗秆长高而根也扎深了，这样就可避免倒伏的危险。中耕除草的活儿不嫌次数多，施肥的多少就要看土地的肥瘦程度了。等到甘蔗苗长到一两尺时，就要把胡麻或油菜籽枯饼浸泡后掺水一起浇灌，肥要浇灌在行内。等到甘蔗苗长到两三尺高时则要用牛进入行间进行耕作。每半月犁耕一次，一次翻土并犁断旁根，一次用来掩土培根。到了九月初则要大培土保护甘蔗根，以防甘蔗砍收后的宿根被霜雪冻坏。

造糖

"抑扬顿挫" 读原文

凡造糖车，制用横板二片，长五尺，厚五寸，阔二尺，两头凿眼安柱。上榫出少许，下榫出板二三尺，埋筑土内，使安稳不摇。上板中凿二眼，并列巨轴两根（木用至坚重者），轴木大七尺围方妙。两轴一长三尺，一长四尺五寸，其长者出榫安犁担。担用屈木，长一丈五尺，以便驾牛团转走。轴上凿齿，分配雌雄，其合缝处须直而圆，圆而缝合。夹蔗于中，一轧而过，与棉花赶车①同义。

蔗过浆流，再拾其滓，向轴上鸭嘴扱入，再轧，又三轧之，其汁尽矣，其滓为薪。其下板承轴，凿眼，只深一寸五分，使轴脚不穿透，以便板上受汁也。其轴脚嵌安铁锭于中，以便捩转②。凡汁浆流板有槽枧，汁入于缸内。每汁一石下石灰五合于中。凡取汁煎糖，并列三锅如品字，先将稠汁聚入一锅，然后逐加稀汁两锅之内。若火力少束薪，其糖即成顽糖③，起沫不中用④。

"字斟句酌" 查注释

① 赶车：压棉机。

② 捩（liè）转：扭动。

③ 顽糖：即胶糖，无法结晶。

④ 不中用：没有用处。

"古文今解" 看译文

造糖用的轧浆车（即"糖车"）的形制和规格，是用两块横板，每块长约五寸、厚约五寸、宽约二尺在横板两端凿孔安上柱子。柱子上端的榫头从上横板露出少许，下端的榫头要穿过下横板二至三尺，这样才能埋在地下，使整个车身安稳而不摇晃。在上横板的中部凿两个孔眼，并排安放两根大木轴（用非常坚实的木料制成），做轴的木料的周长大于七尺为最好。两根木轴中一根长约三尺，另外一根长约四尺五寸，长轴的榫头露出上横板用来安装犁担。犁担用一根长约一丈五尺的弯曲的木材做成，以便套牛轭使牛转圈走。轴端凿有相互咬合的凹凸转动齿轮，两轴的合缝处必须又直又圆，这样缝才能密合得好。把甘蔗夹在两根轴之间一轧而过，这和轧棉花的赶车是相同的道理。

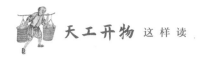
　　甘蔗经过压榨便会流出糖浆水，再把蔗渣插入轴上的"鸭嘴"处进行第二次压榨，然后再压榨第三次，蔗汁就会被压榨尽了，剩下的蔗渣可以用作烧火的燃料。下横板用来支撑木轴，装木轴的地方只凿了一寸五分深的两个小孔，使轴脚不能穿透下横板，以便在板面上承接蔗汁。轴的下端要安装铁条和锭子以便于扭动。接收蔗汁的下横板上有槽，蔗汁通过槽流进糖缸里。每石蔗汁加入石灰约五合。在取用蔗汁熬糖时，把三口铁锅排成品字形，先把熬浓的蔗汁集中在一口锅里，然后再把稀蔗汁逐渐加入到其余两口锅里。如果是柴火不够火力不足，哪怕只少一把火，也会把糖浆熬成质量低劣的顽糖，满是泡沫而无用了。

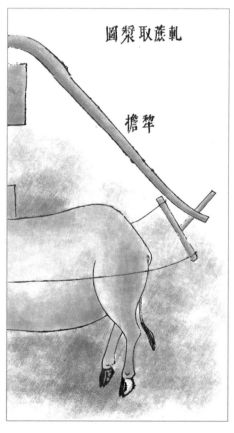

造白糖

凡闽、广南方经冬老蔗，用车同前法。榨汁入缸，看水花为火色。其花煎至细嫩，如煮羹沸，以手捻试，粘手则信来①矣。此时尚黄黑色，将桶盛贮，凝成黑沙。然后，以瓦溜（教陶家烧造）置缸上。其溜上宽下尖，底有一小孔，将草塞住，倾桶中黑沙于内。待黑沙结定，然后去孔中塞草，用黄泥水淋下。其中黑滓入缸内，溜内尽成白霜。最上一层厚五寸许，洁白异常，名曰西洋糖（西洋糖绝白美，故名）；下者稍黄褐。

造冰糖者，将洋糖煎化，蛋青澄去浮滓，候视火色。将新青竹破成篾片，寸斩，撒入其中。经过一宵，即成天然冰块。造狮、象、人物等，质料精粗由人。凡白糖②有五品，石山为上，团枝次之，瓮鉴次之，小颗又次，沙脚为下。

① 信来：火候已到。
② 白糖：指冰糖。

我国南方的福建和广东一带有经过一冬的成熟老甘蔗，用糖车压榨方法与前面讲过的方法一样。将榨出的糖汁引入糖缸之中，熬糖时要注意观察蔗汁沸腾时的水花来控制火候。当熬到水花呈细珠状，好像煮开了的羹糊时，就用手捻试一下，如果黏手就说明已经熬到火候了。这时的糖浆还是黄黑色，把它盛装在桶里，让它凝结成黑沙。然后把瓦溜

（请陶工专门烧制而成）放在糖缸上。这种瓦溜上宽下尖，底下留有一个小孔，用草将小孔塞住，把桶里的黑沙倒入瓦溜中。等黑沙凝固以后就除去塞在小孔中的草，用黄泥水从上淋浇下来，其中黑滓就会淋进缸里，留在瓦溜中的全都变成了白糖。最上面的一层约有五寸多厚，非常洁白，名叫"西洋糖"（西洋糖非常白，因此而得名），下面的一层稍带黄褐色。

制造冰糖的方法是：将最上层的白糖加热溶化，用鸡蛋清澄清并去除掉面上的浮渣，要注意适当控制火候。将新鲜的青竹破截成一寸长的篾片，撒入糖液之中。经过一夜之后就自然凝结成像天然冰块那样的冰糖。制作狮子、象及人物等形状的糖，糖质的精粗就随人们自主选用了。白（冰）糖分为五等，其中"石山"为最上等，"团枝"稍微差些，"瓮鉴"又差些，"小颗"更差些，"沙脚"则为最差。

蜂蜜

凡酿蜜蜂，普天皆有，惟蔗盛之乡则蜜蜂自然减少。蜂造之蜜，出山崖、土穴者十居其八，而人家招蜂造酿而割取者，十居其二也。凡蜜无定色，或青或白，或黄或褐，皆随方土花性而变。如菜花蜜、禾花蜜之类，百千其名不止也。

凡蜂不论于家于野，皆有蜂王。王之所居，造一台如桃大。王之子世为王[1]。王生而不采花，每日群蜂轮值，分班采花供王。王每日出游两度（春夏造蜜时），游则八蜂轮值以侍。蜂王自至孔隙口，四蜂以头顶腹[2]，四蜂傍翼飞翔而去，游数刻而返，翼、顶如前。

畜家蜂者，或悬桶檐端，或置箱牖下，皆锥圆孔眼数十，俟其进入。凡家人杀一蜂、二蜂皆无恙，杀至三蜂，则群起而螫之，谓之蜂反。凡蝙蝠最喜食蜂，投隙入中，吞噬无限。杀一蝙蝠悬于蜂前，则不敢食，俗谓之枭令。凡家蓄蜂，东邻分而之西舍，必分王之子而去为君，去时如铺扇拥卫③。乡人有撒酒糟香而招之者。

凡蜂酿蜜，造成蜜脾，其形鬣鬣然④，咀嚼花心汁，吐积而成，润以人小遗⑤，则甘芳并至，所谓臭腐神奇⑥也。凡割脾取蜜，蜂子多死其中，其底则为黄蜡。凡深山崖石上有经数载未割者，其蜜已经时自熟，土人以长竿刺取，蜜即流下。或未经年而攀缘可取者，割炼与家蜜同也。土穴所酿多出北方，南方卑湿，有崖蜜而无穴蜜。凡蜜脾一斤，炼取十二两。西北半天下⑦，盖与蔗浆分胜云。

"字斟句酌" 查注释

① 王之子世为王：蜂王之子世世为王，这是古人的想象，并无根据。
② 顶腹：顶蜂王之腹。
③ 铺扇拥卫：众蜂列如扇形，拥卫新蜂王。
④ 鬣鬣（liè liè）然：如马鬃一样。
⑤ 小遗：小便。
⑥ 臭腐神奇：化臭腐为神奇。
⑦ 西北半天下：西北所产蜂蜜占了全国产量的一半。

"古文今解" 看译文

酿蜜的蜜蜂普天之下到处都有，但是在盛产甘蔗的地方，蜜蜂自然就会减少。蜜蜂所酿造的蜂蜜，其中十分之八是野蜂在山崖和土穴里酿造的，出自人工养蜂的蜜只占十分之二。蜂蜜没有固定的颜色，有青色的、白色的、黄色的、褐色的，随各地方的花性和种类的不同而不同。例如，菜花蜜、禾花蜜等，名目何止成百上千啊！

所有蜜蜂，不论是家蜂还是野蜂，其中都有蜂王。蜂王居住的地方，造一个有如桃子般大小的台，蜂王之子世代继承王位。蜂王一生从来不外出采蜜，每天由群蜂轮流分班值日，采集花蜜供蜂王食用。蜂王在春夏造蜜季节每天出游两次，出游时，有八只蜜蜂轮流值班伺候。等到蜂王自己行至巢口时，就有四只蜂用头顶着蜂王的肚子，把它顶出，另外四只蜂在周围护卫着蜂王飞翔而去，游不多久（约几刻钟）就会回来，回来时还像出去时那样，顶着蜂王的肚子并护卫着把蜂王送进蜂巢之中。

喂养家蜂的人，有的把蜂桶挂在房檐底下的一头，有的就把蜂箱放在窗子下面，桶或箱上钻几十个小圆孔让蜂群进入。家里人如果打死一两只家蜂都还没有什么问题，如果打死三只以上家蜂，蜜蜂就会群起蜇人，这叫作"蜂反"。蝙蝠最喜欢吃蜜蜂，一旦它钻空子进入蜂巢那它就会吃个没完没了。如果打死一只蝙蝠悬挂在蜂巢前方，其他的蝙蝠也就不敢再来吃蜜蜂了，俗话叫作"杀一儆百"。家养的蜜蜂从东邻分群到西舍时，一定会分一个蜂王之子去当新的蜂王，届时蜂群将组成扇形阵势簇拥护卫新的蜂王而飞走。乡下养蜂的人常常喷洒甜酒糟，用它的香气招引蜜蜂群分房。

蜜蜂酿造蜂蜜，要先制造蜜脾，蜜脾的样子如同一片排列整齐竖直向上的鬃毛，是蜜蜂吸食咀嚼花心的汁液，一点一滴吐出来积累而成的。再以人的小便滋润，这样得到的蜜就会特别甘甜和芳香，这便是所谓的"化臭腐为神奇"！割取蜜脾炼蜜时，会有很多幼蜂和蜂蛹死在里面，蜜脾的底层是黄色的蜂蜡。深山崖石上的蜂蜜有的几年都没有割取过蜜脾，已经过了很长时间蜜脾就自己成熟了，当地人用长竹竿把蜜脾刺破，蜂蜜随即就会流下来。如果是刚酿不到一年的而又能爬上去取下来的蜜脾，加工割炼的方法同家养的蜜蜂所酿造的蜂蜜是一样的。土穴中产的蜜（"穴蜜"）多出产在北方，南方因为地势低气候潮湿，只有"崖蜜"而无"穴蜜"。一斤蜜脾，可炼取十二两蜂蜜。西北地区所出产的蜜占全国产量的一半。可以说能与南方出产的蔗糖相媲美了。

陶埏

TAOSHAN

本章讲的是各种陶瓷制品的制作工艺。陶埏，出自《道德经》："埏埴以为器。"意思是把黏土捏在一起，烧成器皿。远在新石器时代，我国先民就发明了陶器，商周时期首次出现了瓷器，在东汉末年瓷器工艺才逐渐成熟。到了宋应星所处的时代，陶瓷工艺更是得到了进一步发展，在技术上有很多突破。本章详细地记载了作者在景德镇考察的记录，是一份珍贵的史料。

宋应星为什么想写《天工开物》？跟他的科考经历有关。他曾经有过五次赴京赶考的经历，每一次都以失败告终。但是这辛苦的长途旅行并不是无意义的，在进京赶考的路上，他途经多地的乡村，沿途调查、了解到很多农业和手工业生产技术。同时，屡次的失败让他意识到，终身埋头书本而缺乏实践知识，是不够的。因此，他放弃功名，潜心钻研科学技术，虚心向农民请教并认真记录，终于写出了这部《天工开物》。

"抑扬顿挫"读原文

宋子曰：水火既济而土合①。万室之国，日勤千人而不足②，民用亦繁矣哉。上栋下室以避风雨，而瓴建③焉。王公设险以守其国，而城垣雉堞④，寇来不可上矣。泥瓮坚而醴酒欲清，瓦登⑤洁而醯醢⑥以荐。商周之际，俎豆⑦以木为之，毋以质重之思耶！后世方土效灵，人工表异，陶成雅器，有素肌、玉骨⑧之象焉。掩映几筵，文明可掬⑨。岂终固哉？

"字斟句酌"查注释

① 水火既济而土合：《易·既济》，"水在火上，既济。"此处活用为，经过水和火的交互作用，黏土便凝固而成器了。

② 万室之国，日勤千人而不足：《孟子·告子下》，"万室之国，一人陶，则可乎？"此变一人为千人，乃不仅言陶事也。大意是万户之国，各方面的事务很繁多，就是每天有一千个人在制陶，也仍然不够用。

③ 瓴建：《史记·高祖本纪》中"譬犹居高屋之上建瓴水也"。瓴，本指盛水瓦器，此处指瓦。

④ 雉堞（dié）：即女儿墙，城墙上远望呈锯齿状的小墙。

⑤ 瓦登：瓦做的登。登，高脚器皿。盛食物做祭祀神鬼时用。

⑥ 醯醢（xī hǎi）：醯即醋；醢即肉、鱼所做的酱。此泛指祭祀时所用的调料和食物。

⑦ 俎（zǔ）豆：盛食物的豆。豆：亦高脚器皿。

⑧ 素肌、玉骨：此形容瓷器之洁白。

⑨ 可掬：多得可以用手来捧。

"古文今解"看译文

宋先生说：经过水和火的交互作用，黏土便凝固而成器了。在上万户的城镇里，每天都有成千人在辛勤地制作陶器却还是供不应求，可见民间日用陶瓷的需求量是真够大的了。修建大的小的房屋来避风雨，这就要用到砖瓦。王公为了设置险阻以守卫邦国，就要用砖来建造城墙和护身矮墙，使敌人攻不上来。泥瓮坚固，能使甜酒保持清香；洁净的高足杯适用来盛装用于献祭的醋和肉酱。商周时代，礼器是用木制造的，并非出于重视质朴庄重的意思。后来，各个地方都发现了不同特点的陶土和瓷土，人工又创造出各种技巧奇艺，制成了优美洁雅的陶瓷器皿，有白绢似的肌肤、玉石般的质地。摆放在桌子、茶几或宴席上交相辉映，所显现的色泽文雅十分美观，让人爱不释手。文明是不断进步的，事物怎么能是一成不变的呢？

瓦

凡埏泥①造瓦，掘地二尺余，择取无沙黏土而为之。百里之内，必产合用土色，供人居室之用。凡民居瓦形皆四合分片。先以圆桶为模骨，外画四条界。调践熟泥②，叠成高长方条。然后用铁线弦弓，线上空三分，以尺限定，向泥不平戛一片，似揭纸而起，周包圆桶之上。待其稍干，脱模而出，自然裂为四片。凡瓦大小，苦无定式，大者纵横八九寸，小者缩十之三。室宇合沟中，则必需其最大者，名曰沟瓦，能承受淫雨不溢漏也。

凡坯既成，干燥之后，则堆积窑中，燃薪举火，或一昼夜，或二昼夜，视窑中多少为熄火久暂。浇水转釉（音右），与造砖同法。其垂于檐端者有滴水，下于脊沿者有云瓦，瓦掩覆脊者有抱同，镇脊两头者有鸟兽诸形象。皆人工逐一做成。载于窑内，受水火而成器则一也。

若皇家宫殿所用，大异于是。其制为琉璃瓦者，或为板片，或为宛筒。以圆竹与斫木为模，逐片成造，其土必取于太平府③（舟运三千里方达京师，参沙之伪，雇役、掳船之扰，害不可极。即承天皇陵亦取于此，无人议正）。造成，先装入琉璃窑内，每柴五千斤烧瓦百片。取出，成色以无名异④、棕榈毛等煎汁涂染成绿黛，赭石、松香、蒲草等涂染成黄。再入别窑，减杀薪火，逼成琉璃宝色。外省亲王殿与仙佛宫观间亦为之，但色料各有配合，采取不必尽同。民居则有禁也。

"字斟句酌" 查注释

① 埏泥：以水和泥。
② 调践熟泥：用脚和熟陶泥。
③ 太平府：今安徽当涂。
④ 无名异：一种矿土，可做釉料。

"古文今解" 看译文

凡是和泥制造瓦片，需要掘地两尺多深，从中选择不含沙子的黏土来造。方圆百里之中，一定会有适合制造瓦片所用的黏土。民房所用的瓦是四片合在一起而成型的。先用圆桶做一个模型，圆桶外壁划出四条界，把黏土踩和成熟泥，并将它堆成一定厚度的长方形泥墩。然后用一个铁线制成的弦弓线上留出三分厚的空隙，线长限定一尺，向泥墩平拉，割出一片三分厚的陶泥，像揭纸张那样把它揭起来，将这块泥片包紧在圆桶的外壁上。等它稍干一些以后，将模子脱离出来，就会自然裂成四片瓦坯了。瓦的大小并没有一定的规格，大的长宽达八九寸，小的则缩小十分之三。屋顶上的水槽，必须要用被称为"沟瓦"的那种最大的瓦片，才能承受连续持久的大雨而不会溢漏。

瓦坯造成，干燥之后，堆砌在窑内，就用柴火烧。有的烧一昼夜，也有的烧两昼夜，这要看瓦窑里瓦坯的具体数量定。停火后，马上在窑顶浇水使瓦片呈现出蓝黑色的光泽，方法跟烧青砖是一样的。垂在檐端的瓦叫作"滴水瓦"，用在屋脊两边的瓦叫作"云瓦"，覆盖屋脊的瓦叫作"抱同瓦"，装饰屋脊两头的各种陶鸟陶兽，都是人工一片一片逐渐做成后放进窑里烧成，所用的水和火与普通瓦一样。

至于皇家宫殿所用瓦的制作方法，就大不相同了。例如琉璃瓦，有的是板片形的，也有的是半圆筒形的，都是用圆竹筒与加工的木料做模型而逐片制成的。所用的黏土指定要从太平府运来（用船运三千里才到达京都，承运的官吏，有掺沙作伪的，也有强雇民工、抢夺民船承运的，害处非常大。甚至承天皇陵也要用这种土，但是没有人敢提议来纠正）。瓦坯造成后，装入琉璃窑内，每烧一百片瓦要用五千斤柴。烧成功后取出来涂上釉色，用无名异和棕榈毛汁涂成绿色或青黑色，或者用赭石、松香及蒲草等涂成黄色。然后再装入另一窑中，用较低窑温烧成带有琉璃光泽的漂亮色彩。京都以外的亲王宫殿和寺观庙宇，也有用琉璃瓦的，

各地都有自己的色釉配方，制作方法不一定都相同。一般的民房则禁止用这种琉璃瓦。

砖

凡埏泥造砖，亦掘地验辨土色，或蓝、或白、或红、或黄（闽、广多红泥，蓝者名善泥，江浙居多）。皆以粘而不散、粉而不沙者为上。汲水滋土，人逐数牛错趾①踏成稠泥，然后填满木匡之中，铁线弓戛平其面，而成坯形。

凡郡邑城雉、民居垣墙所用者，有眠砖、侧砖两色。眠砖方长条砌。城郭与民人饶富家，不惜工费，直叠而上。民居算计②者，则一眠之上施侧砖一路，填土砾其中以实之，盖省啬之义也。凡墙砖而外，甃地③者名曰方墁砖；槛桷④用以承瓦者，曰楻板砖；圆鞠⑤小桥梁与圭门与窀穸⑥墓穴者，曰刀砖，又曰鞠砖。凡刀砖削狭一偏面，相靠挤紧，上砌成圆，车马践压，不能损陷。

造方墁砖，泥入方匡中，平板盖面，两人足立其上，研转而坚固之，烧成效用。石工磨矼四沿，然后甃地。刀砖之直视墙砖稍溢一分，楻板砖则积十以当墙砖之一，方墁砖则一以敌墙砖之十也。

凡砖成坯之后，装入窑中，所装百钧⑦则火力一昼夜，二百钧则倍时而足。凡烧砖有柴薪窑，有煤炭窑。用薪者出火成青黑色，用煤者出火成白色。凡柴薪窑，巅上偏侧凿三孔以出烟，火足止薪之候⑧，泥固塞其孔，然后使水转釉。凡火候少一两，则釉色不光。少三两，则名嫩火砖，本色杂现，他日经霜冒雪，则立成解散，仍还土质。火候多一两，则砖面有裂纹。多三两则砖形缩小坼裂，屈曲不伸，击之如碎铁然，不适于用。巧用者以之埋藏土内为墙脚，则亦有砖之用也。凡观火候，从窑门透视内壁，土受火精，形神摇荡，若金银熔化之极然，陶长⑨辨之。

凡转釉之法，窑巅作一平田样，四围稍弦起，灌水其上。砖瓦百钧，用水四十石⑩。水神透入土膜之下，与火意相感而成。水火既济，其质千秋⑪矣。若煤炭窑视柴窑深欲倍之，其上圆鞠渐小，并不封顶。其内以煤造成尺五径阔饼，每煤一层，隔砖一层，苇薪垫地发火。

若皇家居所用砖，其大者厂在临清⑫，工部分司主之。初名色有副砖、券砖、平身砖、望板砖、斧刃砖、方砖之类，后革去半⑬。运至京师，每漕舫⑭搭四十块，民舟半之。又细料方砖以甃正殿者，则由苏州造解⑮。其琉璃砖，色料已载《瓦》款。取薪台基厂，烧由黑窑⑯云。

"字斟句酌" 查注释

① 错趾：足迹相错。

② 算计：考虑节省工本。

③ 甃（zhòu）地：以砖铺地。

④ 榱桷（cuī jué）：屋顶椽子。

⑤ 圆鞠：即今之拱券。

⑥ 窀穸（zhūn xī）：即墓穴。

⑦ 百钧：三十斤为一钧。百钧则为三千斤。

⑧ 火足止薪之候：火候已足，停止添柴之时。

⑨ 陶长：掌管砖窑的头目。

⑩ 石：十斗为一石。

⑪ 其质千秋：其材质可千秋不败。

⑫ 临清：在今山东。

⑬ 革去半：裁减掉一半。

⑭ 漕舫：运粮的漕船。下言"搭"，即搭载、捎脚。

⑮ 造解：制造解运。

⑯ 取薪台基厂，烧由黑窑：台基厂、黑窑厂都在北京，专为皇家建筑用料之场。

"古文今解"看译文

　　和泥造砖，也要挖取地下的黏土，对泥土的成色加以鉴别，黏土一般有蓝、白、红、黄几种土色（福建和广东多红泥，江苏和浙江较多一种名叫"善泥"的蓝色土），黏而不散，土质细而没有沙的为上料。先要浇水用于浸润泥土，再赶几头牛去践踏，踩成稠泥。然后把稠泥填满木模子，用铁线弓削平表面就成泥坯了。

　　各郡县的城墙和民房的院墙所用的砖中，有"眠砖"和"侧砖"两种。眠砖是把砖卧着呈方条状来砌的，郡县的城墙和有钱人家的院墙，不惜工本，全部用眠砖一块一块叠砌上去。有些会精打细算的百姓为了节省，在一层眠砖上面砌两条侧砖，中间再用泥土和沙石瓦砾之类填满。

　　除了墙砖以外，还有其他的砖：铺地面用的叫作方墁砖，屋椽和屋桷斜枋上用来承瓦的叫作楻板砖，砌小拱桥、拱门和墓穴用的砖叫作刀砖，或者又叫作鞠砖。刀砖用的时候要削窄一边，紧密排列，砌成圆拱形，即便有车马践压也不会损坏坍塌。

　　造方墁砖的方法是，将泥放进木方框中，上面铺上一块平板，两个人站在平板上面踩，把泥压实，烧成后用。由石匠先磨削方砖的四周而成斜面，然

后就可以用来铺砌地面。刀砖的价钱要比墙砖稍贵一些，楦板砖只值墙砖的十分之一，而方墁砖则还要比墙砖贵十倍。

砖坯做好后就可以装窑烧制了。每装三千斤砖要烧一个昼夜，装六千斤则要烧上两昼夜才能够火候。烧砖有的用柴薪窑，有的用煤炭窑。用柴烧成的砖呈青灰色，而用煤烧成的砖呈浅白色。柴薪窑顶上偏侧方凿有三个孔用来出烟，当火候已足而不需要再烧柴时，就用泥封住出烟孔，然后在窑顶浇水使砖变成青灰色。烧砖时，如果火力缺少一成的话，砖就会没有光泽；火力缺少三成的话，就会烧成嫩火砖，现出坯土的原色，日后经过霜雪风雨侵蚀，就会立即松散而重新变回泥土。如果火候多一成，砖面就会出现裂纹；多三成，砖块就会缩小裂开，弯曲不直，一敲就碎，如同一堆烂铁，就不再适于砌墙了。有些会使用材料的人把它埋在土里做墙脚，这也还算是起到了砖的作用。烧窑时要注意从窑门往里面观察火候，砖坯受到高温的作用，看起来好像有点晃荡，就像金银完全熔化时的样子，这要靠老师傅的经验来辨认掌握。

浇水转釉的方法，是在窑顶堆砌一个平台，平台四周稍高一点，在上面灌水。每烧三千斤砖瓦要灌水四十担。窑顶的水从窑壁的土层渗透下来，与窑内的火相互作用。借助水火的配合作用，就可以制成坚实耐用的砖块了。煤炭窑要比柴薪窑深一倍，顶上圆拱

逐渐缩小，但不用封顶。窑里面堆放直径约一尺五寸的煤饼，每放一层煤饼，就添放一层砖坯，最下层垫上芦苇或者柴草以便引火烧窑。

皇室所用的砖，大厂设在临清，由工部设立主管砖块烧制的专门机构。最初定的砖名有副砖、券砖、平身砖、望板砖、斧刃砖及方砖等，后来有一半左右被废除了。这些砖运到京都，按规定每只运粮船要搭运四十块，民船可以减半。用来砌正殿的细料方砖，是在苏州烧成后再运到京都的。至于琉璃砖和釉料已在《瓦》那一节详细记述，据说它用的是"台基厂"的柴草并在黑窑中烧制而成的。

罂瓮

凡陶家为缶属①，其类百千。大者缸、瓮，中者钵、盂，小者瓶、罐，款制各从方土，悉数之不能。造此者，必为圆而不方之器。试土寻泥之后，仍制陶车旋盘。工夫精熟者，视器大小掐泥，不甚增多少②，两人扶泥旋转，一捏而就。其朝廷所用龙凤缸（窑在真定曲阳与扬州仪真③）与南直④花缸，则厚积其泥⑤，以俟雕镂，作法全不相同，故其直或百倍，或五十倍也。

凡罂缶有耳、嘴者，皆另为合上，以釉水涂粘。陶器皆有底，无底者，则陕以西⑥炊甑，用瓦不用木也。

凡诸陶器，精者中外皆过釉，粗者或釉其半体。惟沙盆、齿钵之类，其中不釉，存其粗涩，以受研擂之功。沙锅、沙罐不釉，利于透火性，以熟烹也。

凡釉质料随地而生。江、浙、闽、广用者，蕨蓝草一味。其草乃居民供灶之薪，长不过三尺，枝叶似杉木，勒而不棘人（其名数十，各地不同）。陶家取来燃灰，布袋灌水澄滤，去其粗者，取其绝细。每灰二碗，掺以红土泥水一碗，搅令极匀，蘸涂坯上，烧出自成光色。北方未详用何物。苏州黄罐釉，亦别有料。惟上用龙凤器，则仍用松香与无名异也。

凡瓶窑烧小器，缸窑烧大器。山西、浙江分缸窑、瓶窑，余省则合一处为之。凡造敞口缸，旋成两截，接合处以木椎内外打紧。匬口⑦坛、瓮亦两截，接内不便用椎，预于别窑烧成瓦圈，如金刚圈形，托印其内，外以木椎打紧，土性自合。

凡缸、瓶窑不于平地，必于斜阜山冈之上。延长者或二三十丈，短者亦十余丈，连接为数十窑，皆一窑高一级。盖依傍山势，所以驱流水湿滋之患，而火气又循级透上。其数十方成陶者，其中若无重值物⑧，合并众力、众资而为之也。其窑鞠⑨成之后，上铺覆以绝细土，厚三寸许。窑隔五尺许，则透烟窗，窑门两边相向而开。装物以至小器，装载头一低窑，绝大缸瓮装在最末尾高窑。发火先从头一低窑起，两人对面交看火色。大抵陶器一百三十斤，费薪百斤。火候足时，掩闭其门，然后次发第二火，以次结竟至尾云。

"字斟句酌" 查注释

① 缶属：罐状器皿。

② 不甚增多少：比器皿所用稍多一些。

③ 真定曲阳与扬州仪真：今河北曲阳县，旧属真定府；江苏仪征，旧属扬州府。

④ 南直：南直隶，即今江苏省。

⑤ 厚积其泥：其器之外壁多用陶泥加厚。

⑥ 陕以西：陕县以西，即今之陕西省地。

⑦ 匬口：口部内缩。

⑧ 重值物：贵重物品。

⑨ 鞠：券造。

天工开物 这样读

"古文今解" 看译文

　　陶坊制造的缶，种类有成百上千。较大的有缸、瓮，中等的有钵、盂，小的有瓶、罐。各地的式样都不太一样，难以一一列举。这类陶器，都是造成圆形的而不是方形的。通过实验找到适宜的陶土之后，还要制造陶车和旋盘。技术熟练的人按照将要制造的陶器的大小而取泥，放上旋盘，数量正好而不用增添多少。扶泥和旋转陶车要两人配合，用手一捏而成。朝廷所用的龙凤缸（窑设在真定府曲阳以及扬州府仪真）和南直隶的花缸，要多取泥造得厚一些，以便于在上面雕镂刻花，这种缸的做法跟一般缸的制法完全不同，价钱也要贵五十倍到一百倍。

　　罂缶如果有嘴和耳，都是另外用釉水粘上去的。陶器都有底，没有底的只有陕西以西地区蒸饭用的甑子。它是用陶土烧成的而不是用木料制成的。诸般陶器中，精制的陶器里外都会上釉，粗制的陶器，有的只

缸窑连接瓶窑

是下半部分上釉。至于沙盆和齿钵之类，里面也不上釉，使内壁保持粗涩，以便于研磨。沙锅、沙罐不上釉，以利于传热煮食。

制造陶釉的原料到处都有，江苏、浙江、福建和广东用的是一种蕨蓝草。它原是居民所用的柴草，长不超过三尺，枝叶像杉树，捆缚它不感到棘手（这种草有几十个名称，各地的叫法也不相同）。陶坊把蕨蓝草烧成灰，装进布袋里，然后灌水过滤，除去粗的而只取其极细的灰末。每两碗灰末，掺一碗红泥水，搅匀，就变成了釉料，将它蘸涂到坯上，烧成后自然就会出现光泽。不了解北方用的是什么釉料。苏州黄罐釉用的是别的原料。供朝廷用的龙凤器却仍然用松香和无名异作为釉料。

瓶窑用来烧制小件的陶器，缸窑用来烧制大件的陶器。山西、浙江两省的缸窑和瓶窑是分开的，其他各省的缸窑和瓶窑则是合在一起的。制造大口的缸，要先转动陶车分别制成上下两截然后再接合起来，接合处用木槌内外打紧。制造小口的坛、瓮也是由上下两截接合成的，只是里面不便槌打，便预先烧制一个像金刚圈那样的瓦圈承托内壁，外面用木槌打紧，两截泥坯就会自然地黏合在一起了。

缸窑和瓶窑都不是建在平地上，而必须建在山冈的斜坡上，长的窑有二三十丈，短的窑也有十多丈，几

敞造

十个窑连接在一起，一个窑比一个窑高。这样依傍山势，既可以避免积水，又可以使火力逐级向上渗透。几十个窑连接起来所烧成的陶器，其中虽然没有什么昂贵的东西，但也是需要好多人合资合力才能做到的。窑顶的圆拱砌成之后，上面要铺一层约三寸厚的细土。窑顶每隔五尺多开一个透烟窗，窑门设在两侧，相向而开。装窑时最小的陶件装入最低的窑，最大的缸瓮则装在最高的窑。烧窑是从最低的窑烧起，两个人面对面观察火色。大概烧制陶器一百三十斤，需要用柴一百斤。当第一窑火候足够之时，关闭窑门，再烧第二窑，就这样逐窑烧直到最高的窑为止。

白瓷

"抑扬顿挫"读原文

凡白土曰垩土，为陶家精美器用。中国出惟五六处：北则真定定州、平凉华亭、太原平定、开封禹州；南则泉郡德化（土出永定，窑在德化），徽郡婺源、祁门①（他处白土陶范不粘，或以扫壁为墁）。德化窑，惟以烧造瓷仙、精巧人物、玩器，不适实用。真、开等郡瓷窑所出，色或黄滞无宝光。合并数郡不敌江西饶郡②产。浙省处州丽水、龙泉两邑，烧造过釉杯碗，青黑如漆，名曰处窑。宋、元时龙泉琉华山下，有章氏造窑，出款贵重，古董行所谓哥窑器者即此。

若夫中华四裔驰名猎取者，皆饶郡浮梁景德镇之产也。此镇从古及今为烧器地，然不产白土。土出婺源、祁门二山：一名高梁山，出粳米土，其性坚硬；一名开化山，出糯米土，其性粢软。两土和合，瓷器方成。其土作成方块，小舟运至镇。造器者将两土等分入臼，舂一日，然后入缸水澄。其上浮者为细料，倾跌过一缸③；其下沉底者为粗料。细料缸中再取上浮者，倾过为最细料，沉底者为中料。既澄之后，以砖砌长方塘，逼靠火窑，以藉火力。倾所澄之泥于中吸干，然后重用清水调和造坯。

凡造瓷坯有两种，一曰印器，如方圆不等瓶、瓮、炉、盒之类，御器则有瓷屏风、烛台之类。先以黄泥塑成模印，或两破，或两截，亦或囫囵。然后埏白泥印成，以釉水涂合其缝，烧出时自圆成无隙。一曰圆器，凡大小亿万杯盘之类，乃生人日用必需，造者居十九，而印器则十一。造此器坯先制陶车。车竖直木一根，埋三尺入土内，使之安稳。上高二尺许，上下列圆盘，盘沿以短竹棍拨运旋转，盘顶正中用檀木刻成盔头，帽其上。

凡造杯盘，无有定形模式，以两手捧泥盔帽之上，旋盘使转。拇指剪去甲，按定泥底，就大指薄旋而上，即成一杯碗之形（初学者任从作废，破坏取泥再造）。功多业熟，即千万如出一范。凡盔帽上造小杯者，不必加泥，造中盘、大碗则增泥大其帽，使干燥而后受功。凡手指旋成坯后，覆转用盔帽一印，微晒留滋润，又一印，晒成极白干。入水一汶。漉上盔帽，过利刀二次（过刀时手脉微振，烧出即成雀口④）。然后补整碎缺，就车上旋转打圈。圈后，或画或书字，画后喷水数口，然后过釉。

凡为碎器⑤与千钟粟⑥与褐色杯等，不用青料。欲为碎器，利刀过后，日晒极热，入清水一蘸而起，烧出自成裂纹。千钟粟则釉浆捷点，褐色则老茶叶煎水一抹也（古碎器，日本国极珍重，真者不惜千金。古香炉碎器不知何代造，底有铁钉，其钉掩光色不锈）。

凡饶镇白瓷釉，用小港嘴泥浆和桃竹叶灰调成，似清泔汁（泉郡瓷仙用松毛水调泥浆，处郡青瓷釉未详所出），盛于缸内。凡诸器过釉，先荡其内，外边用指一蘸涂弦，自然流遍。凡画碗青料，总一味无名异（漆匠煎油，亦用以收火色）。此物不生深土，浮生地面，深者掘下三尺即止，各直省皆有之。亦辨认上料、中料、下料。用时先将炭火丛红煅过，上者出火成翠毛色，中者微青，下者近土褐。上者每斤煅出只得七

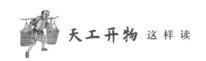

两，中、下者以次缩减。如上品细料器及御器龙凤等，皆以上料画成，故其价每石值银二十四两，中者半之，下者则十之三而已。

凡饶镇所用，以衢、信两郡⑦山中者为上料，名曰浙料。上高⑧诸邑者为中，丰城诸处者为下也。凡使料煅过之后，以乳钵极研（其钵底留粗，不转釉）。然后调画水。调研时色如皂，入火则成青碧色。凡将碎器为紫霞色杯者，用胭脂打湿，将铁线纽一兜络，盛碎器其中，炭火炙热，然后以湿胭脂一抹即成。凡宣红器，乃烧成之后出火，另施工巧微炙而成者，非世上朱砂能留红质于火内也（宣红元末已失传，正德中历试复造出）。

凡瓷器经画过釉之后，装入匣钵（装时手拿微重，后日烧出即成坳口，不复周正）。钵以粗泥造，其中一泥饼托一器，底空处以沙实之。大器一匣装一个，小器十余共一匣钵。钵佳者装烧十余度，劣者一二次即坏。凡匣钵装器入窑，然后举火。其窑上空十二圆眼，名曰天窗。火以十二时辰为足。先发门火十个时，火力从下攻上，然后天窗掷柴烧两时，火力从上透下。器在火中，其软如棉絮，以铁叉取一，以验火候之足。辨认真足，然后绝薪止火。共计一杯工力，过手七十二方克成器，其中微细节目尚不能尽也。

"字斟句酌" 查注释

①"北则真定定州"句：河北定州，原属真定府；甘肃平凉府华亭县；山西太原府平定州；河南开封府禹州；福建泉州府德化县；安徽徽州府婺源，今属江西；徽州府祁门县。

②饶郡：江西饶州府，即指浮梁县景德镇。后即简称饶镇。

③倾跌过一缸：倾斜而使缸水入另一缸。

④雀口：牙边。

⑤碎器：表面带有裂纹的瓷器品种。

⑥千钟粟：表面带有米粒状凸起的瓷器品种。

⑦衢、信两郡：浙江衢州府、江西广信府。

⑧上高：与下文之丰城均在江西省。

"古文今解"看译文

白色的黏土叫作垩土，陶坊用它制造精美的瓷器。我国只有五六个地方出产这种垩土：北方有真定府定州、平凉府华亭、太原府平定及开封府禹州；南方有泉州府德化（土出永定县，窑却在德化），徽州府婺源、祁门（其他地方出的白土，拿来造瓷坯嫌不够黏，但可以用来粉刷墙壁）。德化窑是专烧瓷仙、精巧人物和玩具的，但不实用。真定府、开封府等窑所烧制出的瓷器，颜色发黄，暗淡而没有光泽。上述所有地方的产品都没有江西饶州府所出产的瓷器好。浙江省的丽水和龙泉两县烧制出来的上釉杯碗，墨蓝的颜色如同青漆，这叫作处窑瓷器。宋、元时期龙泉郡的琉华山山脚下有章氏兄弟建的窑，出品极为名贵，这就是古董行所说的哥窑瓷器。

至于我国远近闻名、人人争购的瓷器，则都是江西饶州府浮梁县景德镇的产品。自古以来，景德镇都是烧制瓷器的名都，但当地却不产白土。白土出自婺源和祁门的两座山上：其中的一座名叫高梁山，出粳米土，土质坚硬；另一座名开化山，出糯米土，土质黏软。只有两种白土混合，才能做成瓷器。将这两种白土分别塑成方块，用小船运到景德镇。造瓷器的人取等量的两种瓷土放入臼内，舂一天，然后放入缸内用水澄清。缸里面浮上来的是细料，把它倒入另一口缸中，下沉的则是粗料。细料缸中再倒出上浮的部分便是最细料，沉底的是中料。澄过后，分别倒入窑边用砖砌成的长方塘内，借窑的火力吸干水分，然后重新加清水调和造瓷坯。

瓷坯有两种：一种叫作印器，有方有圆，如瓶、瓮、香炉、瓷盒之类，朝廷用的瓷屏风、烛台也属于这一类。先用黄泥制成模印，模具或者对半分开，或者上下两截，或者是整个的，将瓷土揉成的白泥放入泥模印出瓷坯，再用釉水涂接缝处让两部分合起来，烧出时自然就会完美

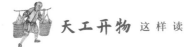
无缝。另一种瓷坯叫作圆器，包括数不胜数的大小杯盘之类，都是人们的日常生活用品。圆器产量约占了十分之九，而印器只占其中的十分之一。制造这种圆器坯，要先做一辆陶车。陶车上竖直木一根，埋入地下三尺并使它稳固。露出地面二尺左右，在上面安装一上一下两个圆盘，用小竹棍拨动盘沿，陶车便会旋转，用檀木刻成一个盔头戴在上盘的正中。

塑造杯盘，没有固定的模式，用双手捧泥放在盔头上，拨盘使转。用剪净指甲的拇指按住泥底，使瓷泥沿着拇指旋转向上展薄，便可捏塑成杯碗的形状（初学者捏坏就作废，坏了就取泥再造一个）。功夫深、技术熟练的人，就能做到千万个杯碗好像都是用同一个模子印出来的。在盔帽上塑造小件坯时，不必加泥，塑中盘和大碗时，就要加泥扩大盔帽，等陶泥晾干以后再加工。用手指在陶车上旋成泥坯之后，把它翻过来罩

在盔帽上印一下，稍晒一会儿而坯还保持湿润时，再印一次，然后再把它晒得又干又白。再蘸一次水，滤水稍干后放在盔帽上用利刀刮削两次（手执刀必须非常稳定，如果稍有振动，瓷器成品就会有缺口）。瓷坯修好以后就可以放在陶车上旋转打圈。接着，在瓷坯上绘画或写字，喷上几口水，然后再上釉。

制作碎器、千钟粟和褐色杯等瓷器时，都不用上青釉料。制造碎器，用利刀修整生坯后，要把它放在阳光下晒得极热，在清水中蘸一下随即提起，烧成后自然会呈现裂纹。千钟粟的花纹是用釉浆快速点染出来的。褐色杯是用老茶叶煎的水一抹而成的（日本人非常珍视我国古代制作的"碎器"，他们不惜重金用以购买真品。古代的香炉碎器，不知是哪个朝代制造的，底部有铁钉，钉头光亮而不生锈）。

景德镇的白瓷釉是用小港嘴的泥浆和桃竹叶的灰调匀而成的，很像澄清的淘米水（德化窑的瓷仙是用松毛灰和瓷泥调成浆来上釉的，处州府青瓷釉不知道用的是什么原料），盛在瓦缸里。瓷器上釉，先要把釉水倒进泥坯里荡一遍，这样釉料自然就会布满全坯身了。画碗的青花釉料只用无名异一种（漆匠熬炼桐油，也用无名异来催干）。无名异不藏在深土之下而是浮生在地面，最多向下挖土三尺深即可得到，各省都有。也分为上料、中料和下料三种。使用时要先经过炭火煅烧。上料出火时呈翠绿色，中料呈微绿色，下料则接近土褐色。每煅烧无名异一斤，只能得到上料七两，中、下料依次减少。制造上等精致的瓷器和皇帝所用的龙凤器等，都是用上料绘画后烧制成的，因此，上料无名异每担值白银二十四两，中料只值上料的一半，下料只值上料的三分之一。

景德镇所用的釉料，以浙江衢州府和江西广信府出产的为上料，叫作浙料。江西上高等县出产的为中料，江西丰城等地出产的为下料。凡是煅烧过的釉料，要用乳钵磨得极细（钵内底部粗涩，不上釉）。然后再用水调和研磨到呈现黑色，入窑经过高温煅烧就变成亮蓝色了。制造紫霞色的碎器杯，先把胭脂石粉打湿，用铁线编成网兜，把碎器放到铁线网兜内用炭火炙热，再用湿胭脂石粉一抹就成了。"宣红"瓷器则是烧制而成之后再用巧妙的技术借微火炙成的，这种红色并非朱砂在火中留下的［宣红器在元朝末年已经失传了，明朝正德年间（1506—1521年）经过多次试验又重新造了出来］。

瓷器坯子经过画彩和上釉之后，装入匣钵（装时如果用力稍重，烧出的瓷器就会凹陷变形，不再复原）。匣钵是用粗泥造成的，其中每一个泥饼托住一个瓷坯，底下空的部分用沙子填实。大件的瓷坯一个匣钵只能装一个，小件的瓷坯一个匣钵可以装十几个。好的匣钵可装烧十几次，差的匣钵用一两次就坏了。把装满瓷坯的匣钵放入窑后，就开始点火烧窑。窑顶有十二个圆孔，这叫天窗。烧十二个时辰（二十四个小时）火候就足了。先从窑门发火烧十个时辰（二十个小时），火力从下向上攻，然后从天窗丢进柴火入窑烧两个时辰（四个小时），火力从上往下透。瓷器在高温烈火中软得会像棉絮一样，用铁叉取出一个样品用以检验火候是否已经足够。辨认火候已足了，就应该停止烧窑了。合计造一个瓷杯所费的工夫，要经过七十二道工序才能完成，其中许多细节还没有算在内呢！

窑变回青

"抑扬顿挫" 读原文

正德中，内使监造御器。时宣红失传不成，身家俱丧。一人跃入自焚，托梦他人造出，竞传窑变。好异者遂妄传烧出鹿、象诸异物也。又：回青乃西域大青，美者亦名佛头青。上料无名异出火似之，非大青能入烘炉存本色也。

"古文今解" 看译文

正德年间（1506—1521年），皇宫中派出专使监督制造皇族使用的瓷器。当时宣红瓷器的具体制作方法已经失传而无法造出来了，还有人因此家破人亡。有一个人跳入瓷窑里自焚，死后托梦给别人，把宣红瓷器造成了，于是人们竞相传说发生了"窑变"。好奇的人更胡乱传言烧出了鹿、大象等奇异的动物。又记：回青乃是产自西域地区的大青，优质的又叫作佛头青。用上料无名异为釉料烧出来的颜色与回青的颜色相似，并不是说大青这种颜料入瓷窑经过高温之后，还能保持它本来的蓝色。

冶铸

YEZHU

"赏奇析疑" 谈方法

本章的主要内容是金属的铸造。"冶铸"一词出自《管子·任法》："犹金之在炉，恣冶之所以铸。"这个词的意思就是熔炼和铸造，简称铸造。我国铸造技术源远流长，在商代时，青铜铸造技术就很成熟了，连司母戊大鼎都铸造出来。明代的铸造技术更加高超，有各种各样的铸造工艺。

"知人论世" 聊背景

《天工开物》问世以来，取得了很多了不起的成就。它在世界科学技术史上，完全可以和西方文艺复兴时期德国矿冶学家阿格里科拉（1494—1555 年）撰写的《矿冶全书》相媲美。宋应星的《天工开物》被介绍到欧洲后，欧洲人把宋应星尊称为"中国的狄德罗（1713—1784 年，18 世纪法国启蒙学者，以编撰'百科全书'知名）"。

宋子曰：首山之采，肇自轩辕①，源流远矣哉！九牧贡金，用襄禹鼎②，从此火金功用日异而月新矣。夫金之生也，以土为母，及其成形而效用于世也，母模子肖③，亦犹是焉。精、粗、巨、细之间，但见钝者司舂，利者司垦，薄其身以媒合水火④而百姓繁，虚其腹以振荡空灵⑤而八音起。愿者肖仙梵之身⑥，而尘凡有至象。巧者夺上清之魄，而海寓遍流泉。即屈指唱筹，岂能悉数？要之，人力不至于此。

① 首山之采，肇自轩辕：轩辕，黄帝。《史记·孝武本纪》中，"黄帝采首山铜，铸鼎于荆山下。"

② 九牧贡金，用襄禹鼎：《左传》宣公三年（前696）中记载，"昔夏之方有德也，远方图物，贡金九牧，铸鼎象物，万物而为之备。"九牧，九州之方伯。用九州所贡之铜铸九鼎以象九州之物。

③ 母模子肖：按五行说，金生于土，故前云金"以土为母"，而浇铸金器则先以土为模范，故又云"母模子肖"。

④ 薄其身以媒合水火：以金锻为刃器，铸为炊具，可为人获取食物，烹制于水火之中。

⑤ 虚其腹以振荡空灵：以金铸为钟镯之属，可以发声传远。

⑥ 愿者肖仙梵之身：有信仰者可以金铸仙佛之像。

宋先生说：相传上古黄帝时代已经开始在首山采铜铸鼎，可见冶铸的历史真是悠久了。自从全国各地（九州）都进贡金属铜给夏禹铸成象征天下大权的九个大鼎以来，冶铸技术也就日新月异地发展起来了。金属本是从泥土中产生出来的，当它被铸造成器物来供人使用时，它的形状又跟泥土造的母模一个样，这正是所谓"以土为母""母模子肖"。铸件之中有精有粗，有大有小，作用各不相同。君且看：钝拙的可以用来春东西；锋利的可以用来耕地；薄壁的可以用来烧水煮食而使民间百姓人丁兴旺；空腔的可以用来振荡空气而使声波振荡，美妙的乐章得以悠然响起。善良虔诚的信徒们模拟仙界神佛之形态为人间造出了精致逼真的佛像。心灵手巧的工匠抓住天上月亮的隐约轮廓，造出了天下到处流通的钱币。诸如此类，任凭人们屈指头、唱筹码，又哪里能够说得完呢？简而言之，人力能做到的不止这些。

鼎

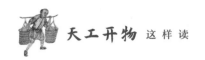
"抑扬顿挫" 读原文

　　凡铸鼎，唐虞以前不可考。惟禹铸九鼎，则因九州贡赋壤则已成，入贡方物岁例已定，疏浚河道已通，《禹贡》业已成书，恐后世人君增赋重敛，后代侯国冒贡奇淫，后日治水之人不由其道，故铸之于鼎[1]。不如书籍之易去，使有所遵守，不可移易。此九鼎所为铸也。

　　年代久远，末学寡闻，如批珠、暨鱼、狐狸、织皮之类，皆其刻画于鼎上者，或漫灭改形，亦未可知，陋者遂以为怪物[2]。故《春秋传》有使知神奸、不逢魑魅之说也。此鼎入秦始亡[3]。而春秋时郜大鼎、莒二方鼎，皆其列国自造，即有刻画必失《禹贡》初旨，此但存名为古物，后世图籍繁多，百倍上古，亦不复铸鼎，特并志之。

"字斟句酌"查注释

①"惟禹铸九鼎"一段：防止后世人君之横征暴敛，征索外国之奇技淫巧，以及治河之时不由故道。这种说法不论是否符合历史真实情况，但宋应星怀有忧国忧民之心，并以此对当时有所影射，是很明显的。

②"年代久远"一段：此言关于禹铸九鼎的另一种说法是荒谬错误的。由于年代久远，九鼎上刻画的九州方物已经漫灭变形，于是一些人就把稀奇的东西当作各地神怪，从而传出禹造九鼎以刻画神怪，致使人多识怪魅之形以回避的说法。

③此鼎入秦始亡：先秦典籍多言周有九鼎，为诸强觊觎，而终为秦所取，及秦亡，九鼎亦不知所之，但未言此九鼎即禹所铸之九鼎。以为禹铸者，乃见于后世之说。

"古文今解" 看译文

铸鼎的史实在尧舜以前已无法考证了。至于传说夏禹铸造九鼎，那是因为当时九州根据各地现有条件和生产能力而缴纳赋税的令规已经颁布，各地每年进贡的物产和品种已经有了具体规定，河道也已经疏通，《禹贡》这部书已经写成了，但是由于恐怕后世的帝王增加赋税敛取百姓财物，各地诸侯用一些由奇技淫巧做出来的东西冒充贡品，以及后来治水的人也不再按照原来的一套办法。于是，夏禹把这一切都铸刻在鼎上，令规也就不会像书籍那样容易丢失了，使后人有所遵守而不能任意更改，这就是当时夏禹铸造九鼎的原因。

经过了许多年，刻在鼎上的画像，如蚌珠、暨鱼、狐狸、毛织物以及兽皮之类，也可能因为锈蚀而变了样，学问不深和见识浅薄的人就以为这是怪物。因此，《春秋左氏传》中才有禹铸鼎是为了使百姓懂得识别妖魔鬼怪而避免受到妖魔伤害的说法。这些鼎到了秦朝时就绝迹了，而春秋时期郜国的大鼎和莒国的两个方鼎，都是诸侯国铸造的，即使有一些刻画，也必定不合于《禹贡》的原意，只不过名为古旧之物罢了。后世的图书已经多了好几百倍，就不必再铸鼎了，这里特地注明。

钟

"抑扬顿挫" 读原文

凡钟，为金乐之首，其声一宣，大者闻十里，小者亦及里之余。故君视朝、官出署，必用以集众；而乡饮酒礼，必用以和歌[1]；梵宫仙殿，必用以明挝谒者[2]之诚，幽起鬼神之敬。

凡铸钟，高者铜质，下者铁质。今北极朝钟[3]，则纯用响铜，每口共费铜四万七千斤、锡四千斤、金五十两、银一百二十两于内，成器亦重二万斤，身高一丈一尺五寸，双龙蒲牢④高二尺七寸，口径八尺，则今朝钟之制也。

凡造万钧钟与铸鼎法同。掘坑深丈几尺，燥筑⑤其中如房舍，埏泥作模骨。其模骨用石灰三和土筑，不使有丝毫隙坼。干燥之后，以牛油、黄蜡附其上数寸。油、蜡分两：油居十八，蜡居十二。其上高蔽抵晴雨（夏月不可为，油不冻结）。油蜡墁定，然后雕镂书文、物象，丝发成就⑥。然后舂筛绝细土与炭末为泥，涂墁以渐⑦而加厚至数寸。使其内外透体干坚，外施火力炙化其中油蜡，从口上孔隙熔流净尽，则其中空处即钟鼎托体之区也。

凡油蜡一斤虚位，填铜十斤。塑油时尽油十斤，则备铜百斤以俟之。中既空净，则议熔铜。凡火铜至万钧，非手足所能驱使。四面筑炉，四面泥作槽道，其道上口承接炉中，下口斜低以就钟鼎入铜孔，槽旁一齐红炭炽围。洪炉熔化时，决开槽梗（先泥土为梗塞住），一齐如水横流，从槽道中枧注而下，钟鼎成矣。凡万钧铁钟与炉、釜，其法皆同，而塑法则由人省啬⑧也。

若千斤以内者，则不须如此劳费，但多捏十数锅炉。炉形如箕，铁条作骨，附泥做就。其下先以铁片圈筒直透作两孔，以受杠穿。其炉垫于土墩之上，各炉一齐鼓鞴⑨熔化。化后，以两杠穿炉下，轻者两人，重者数人抬起，倾注模底孔中。甲炉既倾，乙炉疾继之，丙炉又疾继之，其中自然粘合。若相承迁缓，则先入之质欲冻，后者不粘，衅⑩所由生也。

凡铁钟模不重费⑪油蜡者，先埏土作外模，剖破两边形，或为两截，以子口串合，翻刻书文于其上。内模缩小分寸，空其中体，精算而就。外模刻文后，以牛油滑之，使他日器无粘烂，然后盖上，泥合其缝而受铸焉。巨磬、云板⑫，法皆仿此。

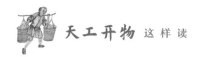

① 乡饮酒礼，必用以和歌：中国古代有乡饮酒礼，为卿大夫之礼，乡饮酒中悬以钟磬，众有歌，如《鹿鸣》等诗，奏以笙，未言以钟相和，但言有《合乐》，则其中亦应有钟磬之属。

② 谒者：此指礼拜仙佛者。

③ 北极朝钟：明代宫中北极阁中所悬朝钟。

④ 蒲牢：传说中的海兽，其吼声甚大，故铸于钟上，以使钟声洪大。明代以为龙生之九子之一。

⑤ 燥筑：干着夯实。

⑥ 丝发成就：所铸之物象图案，一丝一发都要认真做成。

⑦ 涂墁以渐：一点一点地向上墁泥。

⑧ 省啬：节省，简略。

⑨ 鼓鞴（bài）：鼓风。鞴是鼓风吹火的皮囊，俗称风箱。

⑩ 衅：缝隙。

⑪ 重费：多用。

⑫ 云板：铁铸的响器，板状，像云朵形，故名。

在金属乐器之中，钟排在首位，钟的响声，大的十里之内都可以听得到，小的钟声也能传开一里多。所以，皇帝临朝听政、官府升堂审案，一定要用钟声来召集下属或者民众；各地方上举行乡饮酒礼，也一定会用钟声来和歌伴奏；佛寺仙殿，一定会用钟声来打动朝拜者的诚心，唤起对鬼神们的敬意。

铸钟的原料，以铜为上等好材料，以铁为下等材料。现在朝廷上所悬挂的朝钟完全是用响铜铸成的，每口钟总共花费铜四万七千斤、锡四千斤、黄金五十两、银一百二十两，铸成的钟重达两万斤，身高一丈一尺五寸，上面的双龙蒲牢图像高二尺七寸，直径八尺。这就是当今朝钟的规格。

铸造万斤以上的大朝钟之类的钟和铸鼎的方法是相同的。先挖掘一个一丈多深的地坑，使坑内保持干燥，并把它构筑成像房舍一样，和泥做内模。内模材料用石灰、细砂和黏土塑造调和成的土做成，内模要求做得没有丝毫的裂缝。内模干燥以后，用牛油加黄蜡在上面涂约有几寸厚。油和蜡的比例是：牛油约占十分之八，黄蜡占十分之二。在钟模型的顶上搭建一个高棚用以防日晒雨淋（夏天不能做模子，因为油蜡不能冻结）。油蜡层涂好并用塓刀荡平整后，就可以在上面雕刻上各种所需的文字和图案，一丝一发都要认真完成。再用舂碎和筛选过的极细的泥粉和炭末，调成糊状，逐层涂铺在油蜡上约有几寸厚。等到外模的里外都自然干透坚固后，便在上面用慢火烤炙，使里面的油蜡溶化从模型下部内外模交合的孔隙处流干净。这时，内外模之间的空腔就成了将来钟鼎成型的地方了。

每一斤油蜡空出的位置需十斤铜来填充，所以，如果塑模时用去十斤油蜡，就需要准备好一百斤铜。内外模之间的油蜡流净后，就着手熔化铜了。要熔化的火铜如果达到万斤以上的，就不能再靠人的手脚来挪移浇铸了。那就要在钟模的周围修筑多个熔炉和泥槽，槽的上端同炉的出口连接，下端倾斜接到模的浇口上，槽的两旁还要用炭火围起来。当所有熔炉的铜都已经熔化时，就一齐打开出口的塞子（事先用泥土当成塞子塞住），

铜溶液就会像水流那样沿着泥槽注入模内。这样，钟或鼎便铸成功了。一般而言，万斤以上的铁钟、香炉和大锅，它们的铸造都是用这一种方法，只是塑造模子的细节可以由人们根据不同的条件与要求而适当有所省略而已。

至于铸造千斤以内的钟，就不必这么费劲了，只要制造十多个小炉子就行了。这种锅炉的形状像个簸箕，用铁条当骨架，再涂上泥塑成。炉体下部的两侧要穿两个孔，并垫上两根圆筒状的铁片以便于将抬杠穿过。这些炉子都平放在土墩上，一起鼓风熔铜。铜熔化以后，就用两根杠穿过炉底，轻的两个人，重的几个人，一起抬起炉子，把铜溶液倾注进铸模孔中。甲炉刚刚倾注完了，乙炉也跟着迅速倾注，丙炉再跟着倾注，这样，模子里的铜就会自然黏合。如果各炉倾注互相承接太慢，那些先注入的铜溶液都将近冷凝了，就难以和后注入的铜溶液互相黏合而出现夹缝。

铸造铁钟模子不用费掉很多油蜡，方法是先用黏土制成剖成左右两半的或是上、下两截的外模，并在剖面边上制成能接合的子母口，然后将文字和图案反刻在外模的内壁上。内模要缩小一定的尺寸，以使内外模之间留有一定的空间，这要经过精密的计算确定。外模刻好文字和图案以后，还要用牛油涂滑它，以免以后浇铸时铸件粘模。然后把内、外模组合起来，并用泥浆把内外模的接口缝封好，便可以浇铸了。巨磬和云板的铸法与此相类似。

像

"抑扬顿挫"读原文

凡铸仙佛铜像，塑法与朝钟同。但钟鼎不可接，而像则数接为之，故泻时①为力甚易，但接模之法分寸最精云。

 "字斟句酌" 查注释

① 泻时：倾注金属溶液的时候。

"古文今解" 看译文

　　铸造仙佛铜像，塑模方法与朝钟一样。但是钟鼎不能接铸，而仙佛铜像却可以分铸后再接合铸造，所以在浇注方面是比较容易的。不过，这种接模工艺对精确度的要求却是最高的。

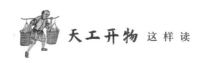
钱

"抑扬顿挫"读原文

　　凡铸铜为钱，以利民用。一面刊国号通宝四字，工部分司主之①。凡钱通利者，以十文抵银一分值。其大钱当五、当十，其弊便于私铸，反以害民，故中外行而辄不行也②。

　　凡铸钱每十斤，红铜居六七，倭铅（京中名水锡）居四三，此等分大略。倭铅每见烈火，必耗四分之一。我朝行用钱高色者，惟北京宝源局黄钱与广东高州炉青钱（高州钱行盛漳、泉路），其价一文，敌南直、江浙等二文。黄钱又分二等：四火铜③所铸曰金背钱，二火铜所铸曰火漆钱。

　　凡铸钱熔铜之罐，以绝细土末（打碎干土砖妙）和炭末为之（京炉用牛蹄甲，未详何作用）。罐料十两，土居七而炭居三，以炭灰性暖，佐土使易化物也。罐长八寸，口径二寸五分。一罐约载铜、铅十斤。铜先入化，然后投铅④，洪炉扇合，倾入模内。

　　凡铸钱模以木四条为空匡（木长一尺二寸，阔一寸二分）。土炭末筛令极细，填实匡中，微洒杉木炭灰或柳木炭灰于其面上，或熏模则用松香与清油。然后，以母钱百文（用锡雕成）或字或背布置其上。又用一匡，如前法填实合盖之。既合之后，已成面、背两匡。随手覆转，则母钱尽落后匡之上。又用一匡填实，合上后匡，如是转覆，只合十余匡，然后以绳捆定。其木匡上弦原留入铜眼孔，铸工用鹰嘴钳，洪炉提出熔罐，一人以别钳扶抬罐底相助，逐一倾入孔中。冷定解绳开匡，则磊落百文，如花果附枝。模中原印空梗，走铜如树枝样。挟出逐一摘断，以待磨锉成钱。凡钱，先锉边沿，以竹木条直贯数百文受锉；后锉平面则逐一为之。

　　凡钱高低，以铅多寡分。其厚重与薄削，则昭然易见。铅贱铜贵，私铸者至对半为之，以之掷阶石上，声如木石者，此低钱也。若高钱铜九铅一，则掷地作金声矣。凡将成器废铜铸钱者，每火十耗其一。盖铅质先走，其铜色渐高，胜于新铜初化者。若琉球诸国银钱，其模即凿锼铁钳头上。银化之时，入锅夹取，淬于冷水之中，即落一钱其内。

"字斟句酌" 查注释

① 工部分司主之：明代造钞归户部，铸钱归工部，设宝源局之类主之。

② 中外行而辄不行也：中外，指京师畿辅及外省。行而辄不行，流通了一段就停止了。

③ 四火铜：对铜每加一火，即熔炼一次，则铜质纯度提高一次。故四火铜优于二火铜。

④ 铅：此指倭铅，即锌。

"古文今解" 看译文

将铜铸造成钱币，是为了方便民众贸易往来。铜钱的一面印有"某某（国号）通宝"四个字，由工部下属的一个部门主管这项工作。通行的铜钱十文抵得上白银一分的价值。一个大钱的面值相当于普通铜钱的五倍或者十倍，发行这种大钱的弊病是容易导致私人铸钱，反而会坑害了百姓，所以，中央和地方都在发行过一阵儿大钱之后，很快就停止发行了。

铸造十斤铜钱，需要用六七斤红铜和三四斤锌（北京把锌叫作水锡），这是粗略的比例。锌每经过高温加热一次就要耗损四分之一。我（明）朝通用的铜钱，成色最好的是北京宝源局铸造的黄钱和广东高州铸造的青钱（高州钱通行于福建漳州、泉州一带），这两种钱每一文相当于南直隶浙江的二文。黄钱又分为两等：用四火铜铸造的叫作"金背钱"，用二火铜铸的叫作"火漆钱"。

铸钱时用来熔化铜的坩埚，是用最细的泥粉（以打碎的土砖干粉为最好）和炭粉混合后制成的（北京的熔铜坩埚还加入了牛蹄甲，不知道有什么用处）。熔铜坩埚的配料比例是，每十两坩埚料中，泥粉占七两而炭粉占三两，因为炭粉的保温性能很好，可以配合泥粉而使铜更易于熔化。熔铜坩埚高约八寸，口径约二寸五分。一个熔铜坩埚大约可以装铜和锌十斤。冶炼时，先把铜放进熔铜坩埚中熔化，然后再加入锌，鼓风使它们熔合之后，再倾注入模子。

铸钱的模子，是用四根木条构成空框（木条各长一尺二寸，宽一寸二分），用筛选过的非常细的泥粉和炭粉混合后填实空框，表面上要再撒上少量的杉木或柳木炭灰，或者用燃烧松香和菜籽油的

混合烟熏过。然后把成百枚用锡雕成的母钱（钱模）按有字的正面或者按无字的背面铺排在框面上。又用一个填实泥粉和炭粉的木框如上述方法合盖上去，就构成了钱的底、面两框模。接着，随手把它翻转过来，揭开前框，全部母钱就脱落在后框上面了。再用另一个填实了的木框合盖在后框上，照样翻转，就这样反复做成十几套框模，最后把它们叠合在一起用绳索捆绑固定。木框的边缘上原来留有灌注铜液的口子，铸工用鹰嘴钳把熔铜坩埚从炉里提出来，另一个人用钳托着坩埚的底部，逐一把熔铜液注入模子中。冷却之后，解下绳索打开框模。这时，只见密密麻麻的成百个铜钱就像累累果实结在树枝上一样。因为模中原来的铜

水通路也已经凝结成树枝状的铜条网络了，把它夹出来将钱逐个摘下，以便于磨锉加工。钱要先锉边沿，方法是用竹条或木条穿上几百个铜钱一起锉。然后逐个锉平铜钱表面不规整的地方。

　　铜钱质量的高低以锌的含量多少区分，至于从外在质量看铸钱成品，轻重与厚薄，那是显而易见的。由于锌价值低贱而铜价值更贵，私铸铜币的人甚至用铜、锌对半开来铸铜钱，将这种钱掷在石阶上，发出像木头或石块落地的声响，表明钱成色很低。如果是成色高质量好的铜钱，铜与锌的比例当是九比一，把它掷在地上，会发出铿锵的金属声。用废铜器来铸造铜钱，每熔化一次就会损耗十分之一。因为其中的锌会挥发掉一些，铜的含量逐渐提高，所以铸造出来的铜钱的成色就会比新铜第一次铸成的铜钱要高。琉球一带铸造的银币，模子就刻在铁钳头上，当银熔化了的时候，将钳子头伸进坩埚里夹取银液后，提出来往冷水之中一淬，一块银币就落在水里了。

舟车

ZHOUCHE

"赏奇析疑" 谈方法

顾名思义，"舟车"的意思就是船和车。本章内容是中国的船、车等交通工具的制造技术。我国河流众多，海岸线长，是世界上最先掌握造船技术的国家之一。在明代，我国的造船技术已经十分先进，郑和下西洋就是最好的证明。作者在本卷开头借用列子御风和奚仲造车的典故，歌颂劳动人民的匠心精神和创新能力。

"知人论世" 聊背景

除了考察实践技术，宋应星也提出了很多科学理论。宋应星在谈到声音发生原理时，指出声音是气的运动。由于气与形之间的冲击而发出声音，以形破气而成为声音。声音的大小、强弱取决于形、气间冲击的强度，急冲急破。宋应星还指出传播声音的介质是空气，他以炮声为例，指出单位时间内炮声传播的距离为炮弹所达到的距离的10倍。他认为，声音在空气中的传播很像以石击所成的水波扩散那样，以波的形式在空气中传播，可见他已经有了关于声波的初步理论概念。他的这些思想，为以后声学理论的发展指出了正确方向。

118

"抑扬顿挫" 读原文

宋子曰：人群分而物异产，来往贸迁①以成宇宙。若各居而老死，何藉有群类哉？人有贵而必出，行畏周行②；物有贱而必须，坐穷负贩。四海之内，南资舟而北资车。梯航③万国，能使帝京元气充然。何其始造舟车者不食尸祝之报④也？浮海长年，视万顷波如平地，此与列子所谓御泠风⑤者无异。传所称奚仲⑥之流，倘所谓神人者，非耶？

"字斟句酌" 查注释

① 贸迁：贸易，运输。
② 行畏周行：周行，四处旅行。古时旅行，艰于路途，故曰畏。
③ 梯航：梯指登山，航指航海。梯航泛指艰难之旅途。
④ 尸祝之报：后代祭祀纪念以报答。
⑤ 列子所谓御泠风：《庄子·逍遥游》中记载，"列子御风而行，泠然善也，旬有五日而后反。"御泠风，即驾风而行。
⑥ 奚仲：古代传说中的始造车者。见《淮南子·修务》。

"古文今解" 看译文

宋先生说：人类分散居住在各地，各地的物产也是各有不同，只有通过贸易交往才能构成整个世界。如果大家彼此各居一方而老死不相往来，还凭什么来构成人类社会呢？有钱、有地位的人要出门到外地的时候，往往怕走远路；有些物品虽然便宜，却也是生活所必需，由于缺乏也就需要有人贩运。从全国来看，南方更多是用船运，北方更多是用车运。人们凭借车和船，翻山渡海，沟通国内外物资贸易，从而使得京都繁荣起来。既然如此，为什么最早发明车、船的人，却得不到后人的崇敬呢？人们驾驶船只漂洋过海，长年在大海中航行，把万顷波涛看成平地一样，这和列子乘风飞行的故事没有什么不同。如果把历史书上记载

的车辆创造者奚仲等人称为"神人",难道不也是可以的吗?

漕舫

"抑扬顿挫" 读原文

　　凡京师为军民集区,万国水运以供储,漕舫所由兴也。元朝混一①,以燕京为大都。南方运道由苏州刘家港、海门黄连沙开洋②,直达天津,制度用遮洋船。永乐间因③之。以风涛多险,后改漕运。

　　平江伯陈某,始造平底浅船,则今粮舫④之制也。凡船制,底为地,枋为宫墙,阴阳竹为覆瓦;伏狮前为阀阅,后为寝堂;桅为弓弩;弦篷⑤为翼;橹为车马;簟纤⑥为履鞋;䌫索⑦为鹰、雕筋骨;招为先锋,舵为指挥主帅;锚为扎军营寨。

　　粮舫初制,底长五丈二尺,其板厚二寸。采巨木,楠为上,栗次之。头长九尺五寸,梢长九尺五寸;底阔九尺五寸,底头阔六尺,底梢阔五尺。头伏狮阔八尺,梢伏狮阔七尺。梁头一十四座。龙口梁阔一丈,深四尺;使风梁阔一丈四尺,深三尺八寸;后断水梁阔九尺,深四尺五寸;两厫⑧共阔七尺六寸。此其初制,载米可近二千石(交兑每只止足五百石)。后运军造者,私增身长二丈,首尾阔二尺余,其量可受三千石。而运河闸口原阔一丈二尺,差可渡过。凡今官坐舫,其制尽同,第窗户之间,宽其出径,加以精工彩饰而已。

　　凡造舫先从底起,底面傍靠墙⑨,上承栈⑩,下亲地面。隔位列置者曰梁。两傍峻立者曰墙。盖墙巨木曰正枋,枋上曰弦。梁前竖桅位曰锚坛,坛底横木夹桅本者曰地龙。前后维曰伏狮,其下曰拏⑪狮,伏狮下封头木曰连三枋。舫头面中缺一方曰水井(其下藏缆索等物)。头面眉际树两木以系缆者曰将军柱。舫尾下斜上者曰草鞋底,后封头下曰短枋,枋下曰挽脚梁，舡梢掌舵所居，其上曰野鸡篷（使风时，一人坐篷巅，收守篷索）。

凡舟身将十丈者，立桅必两：树中桅之位，折中过前二位⑫，头桅又前丈余。粮舡中桅，长者以八丈为率，短者缩十之一二；其本入窗内亦丈余；悬篷之位，约五六丈。头桅尺寸则不及中桅之半，篷纵横亦不敌三分之一。苏、湖六郡运米，其舡多过石瓮桥⑬下，且无江汉之险，故桅与篷尺寸全杀。若湖广、江西省舟，则过湖冲江，无端风浪，故锚、缆、篷、桅必极尽制度，而后无患。凡风篷尺寸，其则一视全舟横身，过则有患，不及则力软。

凡舡篷，其质乃析篾成片织就，夹维竹条，逐块折叠，以俟悬挂。粮舡中桅篷，合并十人力方克凑顶，头篷则两人带之有余。凡度篷索，先系空中寸圆木，关掠于桅巅之上，然后带索腰间，缘木而上，三股交错而度之。凡风篷之力，其末一叶，敌其本三叶。调匀和畅，顺风则绝顶张篷，行疾奔马；若风力洊至，则以次减下（遇风鼓急不下，以钩搭扯）。狂甚则只带一两叶而已。

凡风从横来，名曰抢风。顺水行舟，则挂篷"之""玄"游走，或一抢向东，止寸平过，甚至却退数十丈。未及岸时，捩舵转篷，一抢向西。借贷水力兼带风力轧下，则顷刻十余里。或湖水平而不流者，亦可缓轧。若上水舟，则一步不可行也。凡船性随水，若草从风，故制舵障水，使不定向流，舵板一转，一泓从之。

凡舵尺寸，与船腹切齐。若长一寸，则遇浅之时，舡腹已过，其梢尼⑭舵使胶住，设风狂力劲，则寸木为难不可言；舵短一寸，则转运力怯，回头不捷。凡舵力所障水，相应及船头而止，其腹底之下，俨若一派急顺流，故船头不约而正。其机妙不可言。舵上所操柄，名曰关门棒，欲船北，则南向捩转。欲船南，则北向捩转。船身太长而风力横劲，舵力不甚应手，则急下一偏披水板，以抵其势。凡舵用直木一根（粮船用者，围三尺，长丈余）为身，上截衡受棒，下截界开衔口，纳板其中，

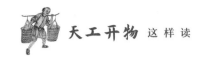

如斧形，铁钉固拴，以障水。梢后隆起处，亦名舵楼。

凡铁锚所以沉水系舟。一粮船计用五六锚，最雄者曰看家锚，重五百斤内外，其余头用二枝，梢用二枝。凡中流遇逆风，不可去，又不可泊（或业已近岸，其下有石非沙，亦不可泊，惟打锚深处），则下锚沉水底。其所系绁⑮缠绕将军柱上，锚爪一遇泥沙，扣底抓住。十分危急，则下看家锚。系此锚者名曰本身，盖重言之也。或同行前舟阻滞，恐我舟顺势急去，有撞伤之祸，则急下梢锚提住，使不迅速流行。风息开舟，则以云车绞缆，提锚使上。

凡船板合隙缝，以白麻斫絮为筋，钝凿扱入，然后筛过细石灰，和桐油春杵成团调艌。温、台、闽、广即用蛎灰。凡舟中带篷索，以火麻秸（一名大麻）绹绞。粗成径寸以外者，即系万钧不绝。若系锚缆，则破析青篾为之，其篾线入釜煮熟，然后纠绞。拽缥簦亦煮熟篾线绞成，十丈以往，中作圈为接驭⑯，遇阻碍可以掐断。凡竹性直，篾一线千钧。三峡入川上水舟，不用纠绞簦遣，即破竹阔寸许者，整条以次接长，名曰火杖。盖沿崖石棱如刃，惧破篾易损也。

凡木色，桅用端直杉木，长不足则接，其表铁箍逐寸包围。舡舱前道，皆当中空阙，以便树桅。凡树中桅，合并数巨舟承载，其末长缆系表而起。梁与枋樯用楠木、槠木、樟木、榆木、槐木（樟木春夏伐者，久则粉蛀）。栈板不拘何木。舵杆用榆木、榔木、槠木。关门棒用椆木、榔木。橹用杉木、桧木、楸木。此其大端云。

"字斟句酌" 查注释

① 混一：统一。

② 开洋：出海。

③ 因：遵循。

④ 舡（chuán）：同"船"。

⑤ 弦篷：船帆。

⑥ 篙纤：纤绳。

⑦ 绯索：长绳。

⑧ 厫：贮藏粮食等的仓库。

⑨ 樯：指桅杆。但在此处不是指桅杆，是指船壁。以下同。

⑩ 栈：甲板。

⑪ 挐（ná）：通"拿"。

⑫ 过前二位：绕过两梁。

⑬ 瓮桥：拱桥。

⑭ 梢尼：船尾的阻力。

⑮ 绯（yù）：梢很长的样子。

⑯ 接弦（kōu）：接环。

"古文今解" 看译文

京都是军队与百姓聚居的地区，利用水运将全国各地的物资运来供应京都，漕船便由此而兴盛。元朝统一全国之后，决定以北京为都城。当时南方到北方的航道，一条是从苏州的刘家港出发，一条是从海门的黄连沙出发，都沿海路直达天津，用的是遮洋船，一直到明朝的永乐年间（1403—1424 年）还是这样。后来因为海洋中风浪太大，危险过多，因此就改为内河航运了。

平江伯陈某首先提倡制造平底的浅船，这就是现在运粮船形式。这种船，船底的作用相当于建筑物的地基，船身的作用相当于它的墙壁，船室上的阴阳竹，则为屋瓦；船头最顶上的那一根大横木的作用相当于屋前的门楼柱，船尾上横木的作用就相当于寝室；船上桅杆就像弓弩的弩身，风帆和附带的帆索就像弓弩的翼；船上的橹的作用相当于拉车的马；拉船的缆索好比走路的鞋子；那些系住铁锚的粗缆以及绑紧全船的大索的作用，则很像鹰和雕那些猛禽的筋骨；船头第一桨可视为开路先锋，而船尾的舵则相当于指挥航行的主帅；如果要安营扎寨，就一定要使用锚了。

　　起初运粮船的规格是：船底长五丈二尺，使用的木板厚二寸，以大木为料，楠木为最好，其次是栗木。船头长九尺五寸，船梢长九尺五寸；船底宽九尺五寸，船头的底宽六尺，船梢的底宽五尺。船头顶部的大横木长八尺，船尾相应的横木长七尺。整个船由船面横梁及其连接木头（包括两侧肋骨、底梁和隔舱板）形成的构架一共有十四个。其中接近船头的龙口梁到船底的距离为四尺，宽一丈；树立中桅的使风梁宽一丈四尺，高出船底三尺八寸；船尾的后断水梁宽九尺，离船底四尺五寸；船上的两个粮仓都宽七尺六寸。这些都是初期漕船的尺寸规格，每艘漕船的载米量接近两千石（但每只船每次缴五百石便算足额了）。后来由漕运军造的漕船，私自把船身增长了二丈，船头和船尾各加宽了二尺多，这样便能载米三千石了。运河的闸口原来只有一丈二尺宽，还可以让这种船勉强通过。现在官吏乘坐的客船，大小规格完全与此相同，只不过是船上舱楼的门窗加大一些，精修并装饰一番罢了。

　　建造漕船时要先造船底，船底的两侧紧靠着船身，船身支撑上面的栈板，船身下面就贴近船底。相隔一定距离安置着的一批横贯船身的木头叫梁。在船底两旁串叠着一批木材，构成竖立的船墙。盖在船身木头上的最顶上的一根粗大方柱形木叫作正枋，而在每根正枋上面还有一片纵长木板叫作弦。梁前面竖桅的地方叫作锚坛，锚坛底部固定桅杆根部的结构叫作地龙。船头和船尾各有一根连接船体的大横木叫作伏狮，在伏狮的两端下面紧靠着船身的一对纵向木叫作拏狮，在伏狮之下还有一块由三根木串联着的搪浪板叫作连三枋。船头中间空开一个方形舱口叫作水井（里面用来收藏缆索等物品）。船头两边竖起两根系结缆索的木桩，叫作将军柱。船尾底下两侧倾斜着的木材叫作草鞋底，船尾封尾木下的一根横木叫短坊，矩坊下的梁叫挽脚梁，在船尾掌舵位置上面盖着的篷叫作野鸡篷（漕船扬帆时，一个人坐在篷顶上掌握帆索）。

　　凡是身长将近十丈的漕船，要竖立两根桅杆，中间的桅杆竖在船中间再朝前两个梁位处，头桅的位置要比中间的桅杆更靠前一丈多。运粮船中间的桅杆长的一般达八丈，短的则可能会缩短十分之一二，桅身进入窗内（舱楼至舱底）的部分长达一丈多，挂帆的部位要占五六丈。两头桅杆的高度还不及中间桅杆的一半，帆的纵横尺寸也不到中间的桅杆上所挂帆的三分之一。苏州、湖州六郡一带运米的船，大多都要经过石拱桥，而且又没有长江、汉水那样的风险，所以桅杆和帆的尺寸都要缩小。如果是航行到湖广及江西等省的船，由于过湖过江会遇到突然的风浪，所以锚、缆、帆和桅杆等，都必须严格按照规格建造，才能没有后患。此外，风帆的大小也要跟船身的宽度一致，太大了会有危险，太小了就会风力不足。

风帆大多都是用竹子篾片编织的，每编成一块就要夹进一根带篷缰的篷挡竹做骨干，这样既可以逐块折叠，又能让风帆紧贴着桅杆升起。运粮船中间的桅杆上所挂的帆，需要十个人一齐用力才能升到桅杆顶，而两头的桅杆上所挂的帆只要两人就足够了。安装帆索时，先将直径约一寸的中空圆木做成的滑轮绑在桅杆顶上，然后腰间带着绳索爬上桅杆，把三股绳索交错着穿过滑轮。风帆受的风力，顶上的一叶相当于底下的三叶。风帆调整匀称、顺当，顺风则将帆张到最大程度，船会前进得快如奔马。但是如果风力不断增大，就要逐渐减少帆叶（遇到很大的风，帆叶鼓得太厉害而降不下来时，就要使用搭钩扯下）。风力很猛烈时，只带一两叶帆也就足够了。

借用从横向吹来的风航行就叫作抢风。这时如果是顺水而行，就可以升起船帆按"之"字形或者"玄"字形的路线行进。如果操纵船帆把船抢向东，只能平过对岸，甚至还可能会后退几十丈。这时趁船还未到达对岸，便应立刻转舵，并把帆调转向另一舷上去，即把船抢向西驶。借助水势和风力的挤压，船沿着斜向前进，一下子便可以行走十多里。如果是在平静的湖水中，就可以缓慢地转抢斜行了。但如果是逆水行舟，又遇到这种横风，那就一步也难以行进了。船跟着水流走就如同草随着风儿摆动一样，所以要利用舵来挡水，使水不按原来的方向流动，舵板

樯楼

漕舫圖

一转就能引起一股水流。

　　舵的尺寸，其下端要同船底平齐。如果舵比船底长出一寸，那么当遇到水浅时，船底已经通过了，而船尾的舵却被卡住了，要是风力很大的话，这一寸木带来的麻烦也就难以形容了；反之，如果舵比船底短了一寸，那么舵的运转力就会太小，船身转动也就不够灵巧。由舵板所挡住的水，相应地流到船头为止，此时船底下的水，好像一股急顺流，所以船头就能自然而然地转到正确的方向，其中的作用妙不可言。舵上的操纵杆叫作关门棒，要船头向北，就将关门棒推向南。要船头向南，就将关门棒推向北。如果船身太长而横向吹来的风又太猛，舵力不那么充足，就要赶紧放下吹风一侧的那块挡水板，用来抵消风势。船舵要用一根直木做舵身（运粮船上用的舵周长三尺，长一丈多），上端凿个横孔插进关门棒，下端锯开个衔口，用来夹紧舵板，构成斧头般的形状，然后用铁钉钉牢便可以挡水了。船尾高耸起来的地方，也叫作舵楼。

　　铁锚的作用是沉入水底而将船稳定住。一只运粮船上共有五个或六个锚，其中最大的锚叫作看家锚，重达五百斤左右，其余的锚在船头上的有两个，在船尾部的也有两个。船在航行之中如果遇到逆风无法前进，而又不能靠岸停泊的话（或者已经接近岸边，但是水底是石头而不是沙土，也不能停泊，这时只能在水深的地方赶紧抛锚），就要将锚抛下沉到水底，把系锚的缆索系在将军柱上，锚爪子一接触到泥沙，就能陷进泥里抓住。如果情况十分危急，便要抛下看家锚。系住这个锚的缆索叫作"本身"（命根子），这就是说它至关重要的意思。同一航向航行的船只，如果前面的船受阻了，怕自己的船会顺势急冲向前而有互相撞伤的危险，那就要赶快抛梢锚拖住船只，将速度减下来。风静了要开船，就要用云车绞缆把锚提起来。

　　填充船板间的缝隙就要用捣碎了的白麻絮结成筋，用钝凿把筋塞进缝隙里，然后再用筛得很细的石灰拌和桐油，以木棒舂成油团状封补在麻筋外面。浙江温州、台湾、福建及两广等地都用贝壳灰来代替石灰。

船上所用的帆索是用火麻（也叫大麻）秸纠绞而成的，直径达一寸多的粗绳索，即便系住万斤以上的东西也不会断。至于系锚的那种锚缆，则是用竹片削成的青篾条做的，这些篾条要先放在锅里煮过然后再进行纠绞。拉船的纤缆也是用煮过的篾条绞成的，每长十丈以上要在篾条中间做个圈作为接口，以便碰到障碍时，能用手指出力将篾条夹断。竹的特性是纵向拉力强，一条竹篾能承受极大的拉力。凡是经三峡而进入四川的上水船，往往不用纠绞的纤索，而只是把竹子破成一寸多宽的整条竹片，互相连接起来，这就叫作火杖。因为沿岸的崖石锋利得像刀刃一样，恐怕破成竹篾条反而更容易损坏。

造船用的木料，桅杆要选用匀称笔直的杉木，如果一根杉木还不够长的话可以连接，在接合部用铁箍一寸寸箍紧。在舱楼前面，应当空出一块地方以便树立桅杆。树立船中间的桅杆时，要拼合几条大船来共同承载，然后靠系在桅顶的长缆索将它拉吊起来。船上的梁和构成船身的长木材都要选用楠木、槠木、樟木、榆木或者槐木来做（春夏两季砍伐的樟木，时间长了会被虫蛀）。衬舱底或者铺面的栈板则不论什么木料都行。舵杆要使用榆木、榔木或者槠木。关门棒则要用榈木或者榔木。橹要用杉木、桧木或者楸木。以上所阐述的只是一些关于漕船的要点而已。

海舟

凡海舟，元朝与国初运米者曰遮洋浅船，次者曰钻风船（即海鳅）。所经道里止万里长滩①、黑水洋②、沙门岛③等处，若无大险。与出使琉球、日本暨商贾爪哇、笃泥④等船制度，工费不及十分之一。

凡遮洋运舡制，视漕舡长一丈六尺，阔二尺五寸，器具皆同，惟舵

六桨课船圖

杆必用铁力木，舱灰用鱼油和桐油，不知何义。凡外国海舶制度，大同小异。闽广（闽由海澄开洋，广由香山澳⑤）洋舡，截竹两破排栅⑥，树于两旁以抵浪。登、莱制度又不然。倭国海船两旁列橹手栏板抵水，人在其中运力。朝鲜制度又不然。

至其首尾各安罗经盘⑦以定方向，中腰大横梁出头数尺，贯插腰舵，则皆同也。腰舵非与梢舵形同，乃阔板斫成刀形，插入水中，亦不捩转，盖夹卫扶倾之义。其上仍横柄拴于梁上，而遇浅则提起。有似乎舵，故名腰舵也。凡海舟，以竹筒贮淡水数石，度供舟内人两日之需，遇岛又汲。其何国何岛合用何向，针指示昭然，恐非人力所祖。舵工一群主佐，直是识力造到死生浑忘地⑧，非鼓勇⑨之谓也。

"字斟句酌" 查注释

① 万里长滩：自长江口至苏北盐城的浅水海域。

② 黑水洋：自苏北盐城至山东半岛南部之间的海域。

③ 沙门岛：在今山东半岛蓬莱西北海中。

④ 笃泥：今印度尼西亚的加里曼丹。

⑤ 香山澳：即今澳门。

⑥ 截竹两破排栅：将竹破成两半以成栅墙。

⑦ 罗经盘：罗盘。

⑧ 识力造到死生浑忘地：其识见已经达到将生死全然忘却的地步。

⑨ 鼓勇：光凭勇气。

"古文今解" 看译文

元朝和明朝初年运米的海船叫作遮洋浅船，小一点儿的叫作钻风船（即海鳅船）。这种船的航道仅限于经由长江口以北的万里长滩、黑水洋和沙门岛等地方，一路上似乎没有什么大的风险。制造这种海船的人工及成本费，还不到那些出使琉球、日本和到爪哇、笃泥等地经商的海船的十分之一。

遮洋浅船跟漕船比较起来，长了一丈六尺，宽了二尺五寸，船上的各种设备都是一样的，只是遮洋浅船的舵杆必须要用铁力木，糊舱板缝的灰要用鱼油加桐油拌和，不知道这是出于什么理由。外国的海船跟遮洋浅船的规格大同小异。福建、广东的远洋船（其中福建的远洋船由海澄开出，广东的远洋船由香山澳开出）把竹子破成两半编成排栅，放在船的两旁用来挡海浪。山东登州和莱州的海船制作方法也不太一样。日本的海船在船两旁安装带有把手的栏板，由人拨动栏板来挡水。朝鲜海船形制又不同。

至于在船头、船尾都安装罗盘用来辨别航向，船中腰的大横梁伸出几尺以便于插进腰舵，这些都是相同的。腰舵的形状跟尾舵不同，它是把宽木板斫成刀的形状，插进水中后并不转动，只是对船身起平衡作用。它上面还有个横把拴在梁上，遇到搁浅时就可以提起来。因为它有点儿像舵，所以就叫作腰舵。海船出海时，要用竹筒储备几百斤的淡水，估计可足够供应船上的人两天食用，一旦遇到岛屿，就再补充淡水。无论到什么地方、什么岛屿，需要按什么方向航行，罗盘针都会指示得很清楚，看来这恐怕不是光凭人的经验所能够轻易掌握的。舵工们相互配合操纵海船，他们的见识和魄力简直到了将生死置之度外的境界，那并不是只凭一时鼓起的勇气就能够做到的吧。

车

"抑扬顿挫" 读原文

凡车利行平地。古者秦、晋、燕、齐之交，列国战争必用车，故千乘、万乘之号起自战国。楚、汉血争而后日辟①。南方则水战用舟，陆战用步、马；北胡胡虏，交使铁骑，战车遂无所用之。但今服马驾车以

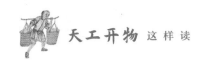

运重载，则今骡车即同彼时战车之义也。

凡骡车之制有四轮者，有双轮者，其上承载支架，皆从轴上穿斗而起。四轮者前后各横轴一根，轴上短柱起架直梁，梁上载箱。马止脱驾之时，其上平整，如居屋安稳之象。若两轮者，驾马行时，马曳其前，则箱地平正。脱马之时，则以短木从地支撑而住，不然则欹卸也。

凡车轮一曰辕②（俗名车陀）。其大车中毂（俗名车脑），长一尺五寸（见《小戎》朱注③），所谓外受辐、中贯轴者。辐计三十片，其内插毂，其外接辅。车轮之中，内集辐，外接辋，圆转一圈者，是曰辅也。辋际尽头则曰轮辕④也。凡大车脱时则诸物星散收藏。驾则先上两轴，然后以次间架。凡轼、衡、轸、轭⑤，皆从轴上受基也。

凡四轮大车，量可载五十石，骡马多者，或十二挂，或十挂，少亦八挂。执鞭掌御者居箱之中，立足高处。前马分为两班（战车四马一班，分骖、服），纠黄麻为长索，分系马项，后套总结，收入衡内两旁。掌御者手执长鞭，鞭以麻为绳，长七尺许，竿身亦相等。察视不力⑥者，鞭及其身。箱内用二人蹬绳，须识马性与索性者为之。马行太紧，则急起蹬绳，否则，翻车之祸，从此起也。凡车行时，遇前途行人应避者，则掌御者急以声呼，则群马皆止。凡马索总系透衡入箱处，皆以牛皮束缚，《诗经》所谓"胁驱"⑦是也。

凡大车饲马，不入肆舍。车上载有柳盘⑧，解索而野食之。乘车人上下皆缘小梯。凡遇桥梁中高边下者，则十马之中，择一最强力者，系于车后。当其下坂，则九马从前缓曳，一马从后竭力抓住，以杀其驰趋之势，不然则险道也。凡大车行程，遇河亦止，遇山亦止，遇曲径小道亦止。徐、兖、汴梁之交，或达三百里者，无水之国，所以济舟楫之穷也。

凡车质，惟先择长者为轴，短者为毂，其木以槐、枣、檀、榆（用榔榆）为上。檀质太久劳则发烧，有慎用者，合抱枣、槐，其至美也。其余轸、衡、箱、轭，则诸木可为耳。

此外，牛车以载刍粮，最盛晋地。路逢隘道，则牛颈系巨铃，名曰报君知，犹之骡车群马尽系铃声也。又北方独辕车，人推其后，驴曳其前，行人不耐骑坐者，则雇觅之。鞯席其上，以蔽风日。人必两旁对坐，否则欹倒。此车北上长安、济宁，径达帝京。不载人者，载货约重四五石而止。其驾牛为轿车者，独盛中州。两旁双轮，中穿一轴，其分寸平如水。横架短衡，列轿其上，人可安坐，脱驾不欹。其南方独轮推车，则一人之力是视。容载二石，遇坎即止，最远者止达百里而已。其余难以枚述。但生于南方者不见大车，老于北方者不见巨舰，故粗载之。

"字斟句酌" 查注释

①血争而后日辟：以身相搏而车战渐少。

②辕：疑当为辕之误。辕为驾车之两直木，非车轮也。

③《小戎》朱注：指朱熹《诗集传》中对《诗经·秦风·小戎》"文茵畅毂"句的注释。

④轮辕：应作轮辕，即车轮之最外一圈。

⑤轼、衡、轸（zhěn）、轭（è）：皆车体所附之各部件。轼，在车厢前供人凭倚的横木。衡，车辕头上的横木。轸，车厢底部四面的横木。轭，为套在牲口颈上的马具。

⑥不力：不肯用力。

⑦胁驱：《诗经·秦风·小戎》记有"游环胁驱"。

⑧柳盘：柳条编的筐。

"古文今解" 看译文

车适合于平地上驾驶。战国时期，秦、晋、燕、齐各诸侯国之间交战都要使用战车，因此就有了所谓"千乘之国""万乘之国"的说法。秦末项羽与刘邦血战之后，战车的使用也就逐渐少了。南方的水战用的是船，陆战用的则是步兵和骑兵；北方与游牧民族作战，双方都使用骑兵，于是战车也就派不上用场了。但是当今人们又驭马驾车来运载重物，可见，今天的骡马车同过去战车的构造原理也应该是差不多的。

骡车的样式有四个轮子的，也有双轮的，车上面的承载支架都是从轴那里连接上去的。四轮的骡车，前两轮和后两轮各有一根横轴，在轴上竖立的短柱上面架着纵梁，这些纵梁又承载着车厢。当停马脱驾时，车厢平正，就像坐在房子里那样安稳。两轮的骡车，行车时马在前头拉，车厢平正。而停马脱驾时，则用短木向前抵住地面来支撑，否则车就会向前倾倒。

马车的车轮叫作辕（俗名叫作"车陀"）。大车车轮中心的毂（俗名叫车脑）长约一尺五寸（《诗经·秦风·小戎》朱熹的注释也是这样说的），是外接辐条中穿车轴的部件。每个车轮中的辐条共有三十片，它的内端连接毂，外端连接轮的内缘（辅）。车轮中所谓的辅，是其内侧集中了辐，外侧与辋相连的圆形部件。辋（轮圈）外边就是整个轮的最外周，叫作轮辕。大车收车时，一般都把几个部件拆卸下来进行收藏。要用车

时先装两轴，然后依次装车架、车厢。因为轼、衡、轸、轭等部件都是承载在轴上的。

四轮的大马车，运载量为五十石，所用的骡马，多的有十二匹或者十四，少的也有八匹。驾车人站在车厢中间的高处掌鞭驾车。车前的马分为前后两排（战车以四匹马为一排，靠外的两匹叫作骖，居中的两匹叫作服），用黄麻拧成长绳，分别系住马脖子，收拢成两束，并穿过车前中部横木（衡）而进入厢内左右两边。驾车人手执长鞭驱车，鞭子是用麻绳做的，约七尺长，竿也有七尺长。看到有不卖力气的马，就挥鞭打到它身上。车厢内由两个识马性和会掌绳子的人负责踩绳。如果马跑得太快，就要立即踩住缰绳，否则可能发生翻车事故。车在行进时，如果前面遇到行人要停车让路，驾车人立即发出吆喝声，马就会停下来。马缰绳收拢成束并透过衡（前横木）入车厢，都用牛皮束缚，这就是《诗经》中所说的"胁驱"。

大车在中途喂马时，不必将马牵入马厩里。车上载有柳条盘，解索后让马就地进食。乘车的人上下车都要经由小梯。凡是经过坡度比较大的桥梁而要下桥时，就要在十匹马之中选出最壮的一匹，系在车的后面。下坡时，前面九匹马缓慢地拉，后面一匹马拼命把车拖住，以减缓车速，不然就会有危险了。大车遇到河流、山岭和曲径小道都过不了。徐州、兖州和河南汴梁一带，方圆三百里很少有河流和湖泊，马车正好用于弥补水运的不足。

造车的木料，先要选用长的做车轴，短的做毂，以槐木、枣木、檀木和榆木（用榔榆）为上等材料。黄檀木摩擦久了会发热，因而不太适宜做这些东西，有些细心的人就选用两手才能合抱的枣木或者槐木来做，那当然是最好不过了。轸、衡、车厢及轭等其他部件，则是无论什么木都能用。

此外，用牛车装载草料最盛行于山西。到了路窄的地方，就在牛颈上系个大铃，名叫"报君知"，正如一般骡马车的牲口也都系上铃铛一样。还有北方的独辕车，驴子在前面拉，人在后面推，不能持久骑坐牲口的旅客常常租用这种车。车的座位上有拱形席顶，可以挡风和遮阳，旅客一定要两边对坐，不然车子就会倾倒。这种车子，北上至陕西的西安和山东的济宁，还能直达北京。不载人时，最多载货四五石。还有一种用牛拉的轿车，只盛行于河南。两旁有双轮，中间穿过一条横轴，这条轴装得非常平。在车辕上横架起几根短横木，轿就安置在上面，人坐在轿中很安稳，牛停下来而脱驾时，车也不会倾倒。至于南方的独轮推车，就只能靠一个人推。这种车能载重两石，遇到坎坷不平的路就过不去，最远也只能走一百里。其余的各种车辆在此难以一一列举。只是考虑到生于南方的人没有见过大骡车，而生于北方的人又没有见过大船只，因此在这里粗略介绍一下。

锤锻

CHUIDUAN

"赏奇析疑" 谈方法

本章讲的是金属的锻造。锻造是把金属原料加热到合适的温度，再锤打，让它发生形变，变成人们想要的物件。比如，剑、金银首饰，都是用锻造工艺做出来的。本章介绍了几种锻造金属的技术，集中反映了我国古代锻造业的辉煌成就。

"知人论世" 聊背景

宋应星生活的时代是什么样的呢？在明朝末年，农业高度发达，除了生存所需的粮食，人们还种植了一些国外引进的经济作物。无论是粮食、棉花还是养蚕业，都呈现出一片繁荣的景象。随着农作物的丰收，人们不再满足于自给自足的小农经济，开始出现了农产品商品化，有了大范围的农产品买卖活动。就是在这种繁荣的背景下，宋应星游历全国，记录了当时的许多生产技术。

宋子曰：金木受攻而物象曲成。世无利器，即般、倕①安所施其巧哉？五兵②之内、六乐③之中，微钳锤④之奏功也，生杀之机泯然矣！同出洪炉烈火，小大殊形：重千钧者系巨舰于狂渊⑤，轻一羽者透绣纹于章服⑥。使冶钟铸鼎之巧，束手而让神功焉。莫邪、干将⑦，双龙飞跃⑧，毋其说亦有征焉者乎⑨？

①般、倕：般，公输般，即鲁班，与倕皆古时有名的巧匠。

②五兵：一说为戈、殳、车戟、酋矛、夷矛，一说为矢、殳、矛、戈、戟。此处泛指兵器。

③六乐：一说指六种古代乐曲，即《云门》《大咸》《大韶》《大夏》《大濩》《大武》，一说指六种古代乐器，即钟、镈、镯、铙、铎、錞，此泛指金属所造乐器。

④钳锤：铁钳及锤。

⑤重千钧者系巨舰于狂渊：此指铁锚。

⑥轻一羽者透绣纹于章服：此指绣针。

⑦莫邪、干将：干将为春秋时吴国铸剑名师，莫邪乃其妻。二人铸宝剑二口，亦名以干将、莫邪。此泛指宝剑。

⑧双龙飞跃：古时有宝剑化龙，或龙化宝剑的传说。

⑨毋其说亦有征焉者乎：宝剑化龙之说或者是有根据的。因前言"神功"，故云。

宋先生说：金属和木材经过加工而成为各式各样的器物。假如世界上没有优良的器具，即便是鲁班和倕这样的能工巧匠，又怎能施展他们精巧绝伦的技艺？兵器和乐器如果没有钳子和锤子发挥作用，它们也就难以制作成了。同样出自熔炉烈火，诸种器物大小形状却各不一样：有重达千钧能在狂风巨浪中系住大船的铁锚，也有轻如羽毛可在礼服上绣出花样的小针。在这由锤锻五金所铸就的奇功面前，连冶铸钟鼎的技巧也逊色了。莫邪、干将两把名剑，挥舞起来就如同双龙飞跃，这个传说大概也有它的根据吧！

治铁

凡治铁成器，取已炒熟铁为之。先铸铁成砧，以为受锤之地。谚云万器以钳为祖，非无稽①之说也。

凡出炉熟铁名曰毛铁。受锻之时，十耗其三为铁华、铁落②。若已成废器未锈烂者，名曰劳铁，改造他器与本器，再经锤煅，十止耗去其一也。凡炉中炽铁用炭，煤炭居十七，木炭居十三。凡山林无煤之处，锻工先择坚硬条木，烧成火墨（俗名火矢，扬烧不闭穴火），其炎更烈于煤。即用煤炭，亦别有铁炭一种，取其火性内攻、焰不虚腾者，与炊炭同形而有分类也。

凡铁性逐节黏合，涂上黄泥于接口之上，入火挥槌，泥滓成枵而去，取其神气为媒合。胶结之后，非灼红斧斩，永不可断也。凡熟铁、钢铁已经炉锤，水火未济，其质未坚。乘其出火时，入清水淬之，名曰健钢、健铁。言乎未健之时，为钢为铁弱性犹存也。凡焊铁之法，西洋诸国别有奇药。中华小焊用白铜末，大焊则竭力挥锤而强合之，历岁之久，终不可坚。故大炮西番有锻成者，中国则惟事冶铸也。

炉铁

微潮泥灰

流入
方槽

板生铁

生熟煉

此管
流出
成
生
鐵

堕子鋼

"字斟句酌" 查注释

① 无稽：没有根据。

② 铁华、铁落：锻铁时打出的铁屑。

"古文今解" 看译文

铁制器具是由生铁炼成的熟铁做成的。先将铁铸成砧，作为承受敲打的垫座。有句谚语说"万器以钳为祖"，这并非是没有根据的。

刚出炉的熟铁，叫作毛铁。锻打时耗损三成，有一部分就会变成铁花和氧化铁。已经成为废品而还没锈烂的铁器叫作劳铁，用它做成别的或者原样的铁器，再锤锻时只会耗损十分之一。熔铁炉中所用的炭，其中煤炭约占十分之七，木炭约占十分之三。山区没有煤的地方，锻工便选用坚硬的木条烧成火墨（俗名叫作火矢，它燃烧时不会变为碎末而堵塞通风口），火焰比煤更加猛烈。煤炭当中有一种叫作铁炭的，特点是燃烧起来火焰并不明显但是温度很高，它与通常烧饭所用的煤形状相似，但是用途不同。

把铁逐节接合起来，要在接口处涂上黄泥，烧红后立即将它们锤合，这时泥渣就会全被打去，这里只是利用它的"气"作为媒介。铁器锤合之后，除非烧红了再用斧砍，否则它是永远不会断的。熟铁或者钢铁烧红锤锻之后，由于水火还未完全配合起来并且相互作用，因此质地还不够坚韧。趁它们出炉时将其放进清水里淬火，这便是人们所说的"健钢"和"健铁"。这就是说，在钢铁淬火之前它在性质上还是软弱的。焊铁的方法，西方各国另有一些特殊的焊药。中国小焊时用白铜粉作为焊药；进行大的焊接时，则是竭力敲打使之强行接合。然而过了一些年月后，接口也就脱焊而不牢固了。因此，在西方只是部分大炮是锻造而成的，而中国的大炮则完全是靠铸造而成的。

锯

凡锯，熟铁锻成薄条，不钢，亦不淬健。出火退烧后，频加冷锤坚性，用鐋开齿。两头衔木为梁，纠篾张开，促紧使直。长者剖木，短者截木，齿最细者截竹。齿钝之时，频加鐋锐而后使之。

做锯先把熟铁锻打成薄条，锻造中既不掺杂钢也不需要淬火。把薄条烧红取出来退火以后，再不断敲打，使它变得坚韧，然后就用锉刀开齿，锯片也就做成功了。锯的两端是用短木作为锯把，锯的中间连接一条横梁，然后纠绞竹片使之张开，再绞紧使锯条绷直。长锯用来锯粗长木料，短锯用来截断木料，锯齿最细的则可用来锯断竹子。锯齿磨钝时，就用锉刀将一个个锯齿锉得锋利，然后就能继续使用了。

刨

凡刨，磨砺嵌钢寸铁，露刃秒忽①，斜出木口之面，所以平木。古名曰"准"。巨者卧准露刃，持木抽削，名曰推刨。圆桶家使之。寻常用者，横木为两翅，手执前推。梓人为细功者，有起线刨，刃阔二分许。又刮木使极光者，名蜈蚣刨，一木之上，衔十余小刀，如蜈蚣之足。

①秒忽：古代以万分之一寸为一秒，十分之一秒为一忽。秒忽即指很短。

"古文今解" 看译文

做刨子是把一寸宽的嵌钢铁片磨得锋利，斜向插入木刨壳中，稍微露出点刃口，用来刨平木料。刨的古名叫作"准"。大的刨子是仰卧露出点刃口的，木料用手拿着在它的刃口上抽削，这种刨叫作推刨。制圆桶的木工经常用到它。平常用的刨子，则在刨身穿上一条横木，像一对翅膀，手执横木往前推。精细的木工还备有起线刨，这种刨子的刃口宽二分。还有一种叫作蜈蚣刨，刨壳上装有十几把小刨刀，好像蜈蚣的足，能把木面刮得极为光滑。

针

"抑扬顿挫" 读原文

凡针，先锤铁为细条。用铁尺一根，锥成线眼，抽过条铁成线，逐寸剪断为针。先鎈其末成颖，用小槌敲扁其本，钢锥穿鼻，复鎈其外。然后入釜，慢火炒熬。炒后以土末入松木火矢①、豆豉三物掩盖，下用火蒸。留针二三口插于其外，以试火候。其外针入手捻成粉碎，则其下针火候皆足。然后开封，入水健之。凡引线成衣与刺绣者，其质皆刚。惟马尾刺工②为冠者，则用柳条软针。分别之妙，在于水火健法云。

"字斟句酌" 查注释

①松木火矢：松木炭粉。

② 马尾刺工：福建马尾那里的刺绣工。

"古文今解" 看译文

制造针时先将铁片锤成细条。另在一根铁尺上钻出小孔作为针眼，然后将细铁条从线眼中抽过便成铁线，再将铁线逐寸剪断成为针坯。然后把针坯的一端锉尖，而另一端锤扁，用硬锥钻出针鼻（穿针眼），再把针的周围锉平整。然后再放入锅里，用慢火炒。炒过之后，就用泥粉、松木炭和豆豉这三种混合物掩盖，下面再用火蒸。留两三根针插在混合物外面作为观察火候之用。当外面的针已经完全氧化到能用手捻成粉末时，表明混合物盖住的针已经达到火候了。然后开封，经过淬水，便成针了。凡是缝衣服和刺绣所用的针都比较硬，只有福建马尾镇刺绣工缝帽子所用的针，是柳条软针。针与针之间的软硬差别的诀窍就在于淬火方法的不同。

燔石

FANSHI

"赏奇析疑" 谈方法

本章的主要内容是烧炼矿石。燔石，即烧矿石。本章总结明代的非金属矿产，包括石灰、煤炭、硫黄的挖掘和烧制技术。可贵的是，他还记述了两种先进的采煤技术——瓦斯排空和巷道支护，这在当时的世界上属于先进水平。

"知人论世" 聊背景

在宋应星生活的时代，随着农业和制造业的繁荣，经济发展也十分迅猛。很多以某种行业著称的城市出现，比如景德镇以瓷闻名，湖北汉口以商业著称。在这些城市里，几乎家家都以同样的行业为生。不但如此，在这个时期还出现了雇佣工人，那些拥有大量生产工具的人会雇佣他人给自己做工，每日结算工钱，这些工人并不是奴隶，而是自由的资本主义雇工。不过，这种资本主义萌芽的范围不大，只限于商业发达的地区。

 **"抑扬顿挫" 读原文**

宋子曰：五行之内，土为万物之母。子之贵者^①，岂惟五金^②哉！金与火相守而流，功用谓莫尚焉矣。石得燔而咸功^③，盖愈出而愈奇焉。水浸淫而败物，有隙必攻，所谓不遗丝发者。调和一物，以为外拒^④，漂海则冲洋澜，粘墼则固城雉。不烦历候远涉^⑤，而至宝得焉。燔石之功，殆莫之与京矣。至于矾现五色之形，硫为群石之将，皆变化于烈火。巧极丹铅炉火，方士纵焦劳唇舌，何尝肖像天工之万一哉！

"字斟句酌" 查注释

① 子之贵者：大地中所产之可宝贵者。

② 五金：古以金、银、铜、铁、锡为五金，此泛指各种金属。

③ 石得燔而咸功：石头被火烧之后而各成其功用。

④ 外拒：抵御外物之渗漏。

⑤ 历候远涉：历时很久而远行万里。

"古文今解" 看译文

宋子说：在水、火、木、金、土这五行之中，土是万物产生的根本。从土中产生的众多物质之中，贵重的岂止是金属这一类呢！金属和火相互作用而熔融流动，这种功用真算是足够大的了。但是石头经过烈火焚烧以后也都有它的功用，而且越来越奇特。水会浸坏东西，凡是有空隙的地方，水都能渗透，可以说水连一根头发大小的裂缝都不放过。但是，有了石灰这一类填补缝隙的东西，用它来填补船缝就能确保大船安全漂洋过海，用它砌砖筑城也能使城墙坚固。这种宝物，并不需要经过长途跋涉就能得到。因此，大概没有什么东西比烧石的功用更大的了。至于矾能呈现出五色的形态，硫能够成为群石的主将，这些也都是从烈火中变化生成的。在炼鼎烧汞的过程中，炉火与诸石的相互作用已经巧妙到

了极致，那些炼丹方士就是费尽千言万语，也是无法表述大自然妙用的万分之一。

石灰

"抑扬顿挫"读原文

凡石灰，经火焚炼为用。成质之后，入水永劫不坏。亿万舟楫，亿万垣墙，窒隙防淫①，是必由之。百里内外，土中必生可爁石。石以青色为上，黄白次之。石必掩土内二三尺，掘取受爁，土面见风者不用。爁灰火料，煤炭居十九，薪炭居十一。先取煤炭、泥，和做成饼，每煤饼一层，垒石一层，铺薪其底，灼火爁之。最佳者曰矿灰，最恶者曰窑滓灰。火力到后，烧酥石性。置于风中，久自吹化成粉。急用者以水沃之，亦自解散。

凡灰用以固舟缝，则桐油、鱼油调厚绢、细罗，和油，杵千下，塞艌②。用以砌墙、石，则筛去石块，水调黏合。甃墁③，则仍用油、灰。用以垩墙壁，则澄过，入纸筋涂墁；用以襄墓④及贮水池，则灰一分，入河沙、黄土三分，用糯米粳、羊桃藤汁和匀，轻筑坚固，永不隳坏，名曰三和土。其余造淀、造纸，功用难以枚举。凡温、台、闽、广海滨石不堪灰者，则天生蛎蚝以代之。

"字斟句酌"查注释

① 窒隙防淫：堵住缝隙，防止漏水。
② 艌：船板上的缝隙。
③ 甃墁（màn）：铺地砖，涂墙壁。
④ 襄墓：建造坟墓。

150

石灰都是由石灰石经过烈火煅烧而成的。石灰一旦成形之后，即便遇到水也永远不会变坏。多少船只，多少墙体，凡是需要填隙防水的，一定要用到它。方圆百里之间，必定会有可供煅烧石灰的石头。这种石灰石以青色的为最好，黄白色的则差些。石灰石一般埋在地下二三尺，可以挖取煅烧，但表面已经风化的石灰石就不能用了。煅烧石灰的燃料，用煤的约占十分之九，用柴火或者炭的约占十分之一。先把煤掺和泥做成煤饼，然后一层煤饼一层石相间着堆砌，底下铺柴引燃煅烧。质量最好的叫作矿灰，最差的叫作窑滓灰。火候足后，石头就会变脆。放在空气中会慢慢风化成粉末。着急用的时候洒上水，也会自动散开成粉末。

石灰的用途有很多，用来填固船缝时，与桐油、鱼油调拌，加上厚绢、细罗用油拌和，再杵一千下以后塞补船缝。用来砌墙或砌石时，则要先筛去石块，再用水调匀黏合。用来砌砖铺地面时，则仍用油灰。用来粉刷或者涂抹墙壁时，则要先将石灰水澄清，再加入纸筋，然后涂抹。用来造坟墓或者建蓄水池时，则是一份石灰加两份河沙和黄泥，再用粳糯米饭和猕猴桃汁拌匀，轻轻一压便很坚固，永远不会损坏，这就叫作三和土（按原文称谓）。此外，石灰还可以用于染色、造纸，其用途繁多而难以一一列举。在温州、台州、福建、广东

灰成石烧饼煤

房烧法蛎

一带，沿海的石头如果不能用来煅烧石灰，可以寻找天然的牡蛎壳来代替它。

煤炭

"抑扬顿挫" 读原文

凡煤炭，普天皆生，以供煅炼金石之用。南方秃山无草木者，下即有煤，北方勿论。

煤有三种：有明煤、碎煤、末煤。明煤，大块如斗许，燕、齐、秦、晋生之。不用风箱鼓扇，以木炭少许引燃，爆炽①达昼夜。其傍夹带碎屑，则用洁净黄土调水作饼而烧之。碎煤有两种，多生吴、楚。炎高者曰饭炭，用以炊烹；炎平者曰铁炭，用以冶锻。入炉先用水沃湿，必用鼓鞲②后红，以次增添而用。末煤如面者，名曰自来风。泥水调成饼，入于炉内，既灼之后，与明煤相同，经昼夜不灭。半供炊爨③，半供熔铜、化石、升朱④。至于爇石为灰与矾、硫，则三煤皆可用也。

凡取煤经历久者，从土面能辨有无之色，然后掘挖，深至五丈许方始得煤。初见煤端时，毒气灼人。有将巨竹凿去中节，尖锐其末，插入炭中，其毒烟从竹中透上。人从其下施镬⑤拾取者。或一井而下，炭纵横广有，则随其左右阔取。其上支板，以防压崩耳。

凡煤炭取空而后，以土填实其井，以二三十年后，其下煤复生长，取之不尽。其底及四周石卵，土人名曰铜炭者，取出烧皂矾与硫黄（详后款）。凡石卵单取硫黄者，其气薰甚⑥，名曰臭煤。燕京房山、固安，湖广荆州等处间有之。

凡煤炭经焚而后，质随火神化去，总无灰滓。盖金与土石之间，造化别现此种云。凡煤炭不生茂草盛木之乡，以见天心之妙。其炊爨功用所不及者，唯结腐一种而已（结豆腐者，用煤炉则焦苦）。

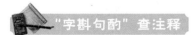
"字斟句酌" 查注释

① 煤炽：剧烈燃烧。

② 鼓鞴（bài）：风箱。

③ 炊爨（cuàn）：烧火做饭。

④ 升朱：烧制朱砂。

⑤ 施钁（jué）：用大锄挖。

⑥ 薰甚：很呛人。

"古文今解" 看译文

煤炭各地都有出产，供冶金和烧石之用。南方不生长草木的秃山底下便有煤，北方却不一定是这样。

煤大致有三种：明煤、碎煤和末煤。明煤块头大，有的像米斗那样大，产于河北、山东、陕西及山西。明煤不必用风箱鼓风，只需加入少量木炭引燃，便能日夜炽烈地燃烧。明煤的碎屑，则可以用干净的黄土调水做成煤饼烧。碎煤有两种，多产于吴、楚。碎煤燃烧时，火焰高的叫作饭炭，用来煮饭；火焰平的叫作铁炭，用于冶炼。碎煤先用水浇湿，入炉后再鼓风才能烧红，以后只要不断添煤，便可持续燃烧。末煤呈粉状的叫作自来风。用泥水调成饼状，放入炉内，点燃之后，便和明煤一样，日夜燃烧不会熄灭。末煤有的用来烧火做饭，有的用来炼铜、烧石及炼取朱砂。至于烧制石灰、矾或者硫，上述三种煤都可使用。

采煤经验多的人，从地面上的土质情况就能判断地下是不是有煤，然后再往下挖掘，挖到五丈深左右才能得到煤。煤层出现时，毒气冒出能伤人。一种方法是将巨竹的中节凿通，削尖竹筒末端，插入煤层，毒气便通过竹筒往上排出，人就可以下去用钁头挖煤了。井下发现煤层向四方延伸，可以横打巷道进行挖取。巷道要用木板支护，以防崩塌伤人。

煤层挖完以后，如果用土把井填实，二三十年后，煤又会重生，取之不尽。煤层底板或者围岩中有一种石卵，当地人叫作铜炭，可以用来烧取皂矾和硫黄（在下文详述）。只能烧取硫黄的铜炭，气味特别臭，叫作臭煤，在燕京房山、固安与湖广荆州等地有时还能采到。

煤炭燃烧的时候，煤质全部烧完，不会留下灰烬，这是自然界中介于金属与土石之间的特殊品种。煤不产于草木茂盛的地方，可见自然界安排得十分巧妙。如果说煤在炊事方面

还有不足之处的话，那它仅仅是不适合用于做豆腐而已（用煤炉煮豆浆，结成的豆腐会有焦苦味）。

硫黄

"抑扬顿挫" 读原文

凡硫黄乃烧石承液①而结就。著书者误以焚石为矾石，遂有矾液之说。然烧取硫黄石，半出特生白石，半出煤矿烧矾石，此矾液之说所由混也。又言中国有温泉处必有硫黄，今东海、广南产硫黄处又无温泉，此因温泉水气似硫黄，故意度言之也。

凡烧硫黄石与煤矿石同形。掘取其石，用煤炭饼包裹丛架，外筑土作炉。炭与石皆载千斤于内，炉上用烧硫旧滓掩盖，中顶隆起，透一圆孔其中。火力到时，孔内透出黄焰金光。先教陶家烧一钵盂，其盂当中隆起，边弦卷成鱼袋样，覆于孔上。石精感受火神，化出黄光飞走，遇盂掩住，不能上飞，则化成汁液，靠着盂底，其液流入弦袋之中，其弦又透小眼，流入冷道灰槽小池，则凝结而成硫黄矣。

其炭煤矿石烧取皂矾者，当其黄光上走时，仍用此法掩盖，以取硫黄。得硫一斤，则减去皂矾三十余斤，其矾精华已结硫黄，则枯滓遂为弃物。

凡火药，硫为纯阳，硝为纯阴，两精逼合，成声成变，此乾坤幻出神物也。硫黄不产北狄②，或产而不知炼取，亦不可知。至奇炮出于西洋与红夷，则东徂西数万里，皆产硫黄之地也。其琉球土硫黄，广南水硫黄，皆误记也。

"字斟句酌" 查注释

① 承液：承接所流液体。
② 北狄：此指满族人的政权后金。

"古文今解" 看译文

硫黄是由烧炼矿石时得到的液体，经过冷却后凝结而成的，过去的著书者误以为硫黄都是煅烧矾石而取得的，就把它叫作矾液。事实上，煅烧硫黄的原料，一半来自当地特产的白石，一半来自煤矿的煅烧矾石，矾液的说法就是这样混杂进来的。又有人说中国凡是有温泉的地方就一定会有硫黄，可是，东海、广南出产硫黄的地方并没有温泉，这可能是因为温泉的气味很像硫黄而猜想到的吧。

烧取硫黄的矿石与煤矿石的形状相同。挖掘矿石，用煤饼包裹矿石并堆垒起来，外面用泥土夯实并建造熔炉。每炉的石料和煤饼都有千斤左右，炉上用烧硫黄的旧渣掩盖，炉顶中间要隆起，空出一个圆孔。燃烧到一定程度，炉孔内便会有金黄色的气体冒出。预先请陶工烧制一个中部隆起的盂钵，盂钵边缘往内卷成像鱼膘状的凹槽，烧硫黄时，将盂钵覆盖在炉孔上。硫黄的黄色蒸气沿着炉孔上升，被盂钵挡住而不能跑掉，于是便冷凝成液体，沿着盂钵的内壁流入凹槽，又透过小眼沿着冷却管道流进小池子，凝结后成为固体硫黄。

用含煤黄铁矿烧取皂矾，当黄色的蒸气上升时，也可以用这种方法盖顶，以收取硫黄。得硫一斤，就要减收皂矾三十多斤，因为皂矾的精华都已经转化为硫黄了，剩下的枯渣便成了废物。

火药的主要原料是硫黄和硝石，硫黄是纯阳，硝石是纯阴，两种物质相互作用能引起爆炸，产生巨大的声响，这真是自然界变化出来的奇物。北方少数民族居住的地方不出产硫黄，或者也有可能是有硫黄出产而不会炼取。新式枪炮出现在西洋与荷兰，这说明由东往西数万里，都有出产硫黄的地方。但是所谓琉球的土硫黄、广东南部的水硫黄，却都是一种错误的记载。

烧取硫黄图

膏液

GAOYE

"赏奇析疑" 谈方法

膏液的意思就是油脂，本章讲述了食用油、工业用油的榨取方法和所需工具。从本章可以看出，明代的榨油技术已经非常先进了，这部分的内容也是研究我国榨油技术发展的重要史料，不过遗憾的是这里没有花生油的榨取技术。

"知人论世" 聊背景

资本主义萌芽的出现，是在中国的地平线上升起了未来社会的新的曙光。因此，十六世纪至十七世纪是"天崩地解"的时代，也是我国启蒙科学思潮出现的时代。这个时代的思想家很有特色，很多人把目光转向自然科学、医学和实用技术领域，出现了一批像李时珍、徐光启、宋应星这样的科学家，他们写出了很多科学著作，为后世做了巨大的贡献。

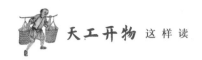

"抑扬顿挫" 读原文

宋子曰：天道平分昼夜，而人工继晷以襄事①，岂好劳而恶逸哉？使织女燃薪，书生映雪，所济成何事也②？草木之实，其中蕴藏膏液，而不能自流。假媒水火，凭藉木石，而后倾注而出焉。此人巧聪明，不知于何禀度③也。

人间负重致远，恃有舟车。乃车得一铢而辖转④，舟得一石而罅完⑤，非此物之为功也不可行矣。至蔬菜之登釜也，莫或膏之，犹啼儿之失乳焉。斯其功用一端而已哉？

"字斟句酌" 查注释

①人工继晷以襄事：晷，此指时光。襄，帮助。

②织女燃薪，书生映雪，所济成何事也：燃薪以织，映雪以读，实际上是无济于事的。意思是夜织夜读，是不能没有油灯的。

③于何禀度：从何处被赋予。

④车得一铢而辖转：车只需用一点点油膏于轴上就能转动。

⑤舟得一石而罅完：舟船只需用上百斤油就可以把全部缝隙补好。

"古文今解" 看译文

宋先生说：自然界的运行之道是平分昼夜，然而人们却夜以继日地劳动，难道只是爱好劳动而厌恶安闲吗？让纺织女工在柴火的照耀下织布，读书人借助于雪的反光来读书，这又能做成什么事呢？草木的果实之中含有油膏脂液，但它是不会自己流出来的。要凭借水火、木石来加工，然后才能倾注而出。人的这种聪明和技巧，真不知是从哪里得来的！

人们运沉重东西到远处去，依靠的是船和车。车轴只要有少量的润滑油，车轮子就能灵活转动起来；船身有了一石的油灰，缝隙就能完全填补好。没有油脂在其中起作用，船和车也就无法通行了。乃至切碎的蔬菜入锅烹调，如果没有油，就好比婴儿没有奶吃而啼哭一样，都是不行的。如此看来，油脂的功用岂止局限于一个方面呢？

油品

"抑扬顿挫" 读原文

　　凡油，供馔食用者，胡麻（一名脂麻）、莱菔子、黄豆、菘菜子（一名白菜）为上，苏麻（形似紫苏，粒大于胡麻）、芸薹①子（江南名菜子）次之，茶②子（其树高丈余，子如金樱子，去壳取仁）次之，苋菜子次之，大麻仁（粒如胡荽子，剥取其皮，为绹索用者）为下。

　　燃灯，则柏仁③内水油为上，芸薹次之，亚麻子（陕西所种，俗名壁虱脂麻，气恶不堪食）次之，棉花子次之，胡麻次之（燃灯最易竭），桐油与柏混油为下（桐油毒气熏人，柏油连皮膜则冻结不清）。造烛，则柏皮油为上，蓖麻子次之，柏混油每斤入白蜡结冻次之，白蜡结冻诸清油又次之，樟树子油又次之（其光不减，但有避香气者），冬青子油又次之（韶郡④专用，嫌其油少，故列次）。北土广用牛油，则为下矣。

　　凡胡麻与蓖麻子、樟树子，每石得油四十斤。莱菔子每石得油二十七斤（甘美异常，益人五脏）。芸薹子每石得油三十斤，其耨勤而地沃、榨法精到者，仍得四十斤（陈历一年，则空内而无油）。茶子每石得油一十五斤（油味似猪脂，甚美，其枯则止可种火及毒鱼用）。桐子仁每石得油三十三斤。柏子分打时，皮油得二十斤、水油得十五斤；混打时共得三十三斤（此须绝净者）。冬青子每石得油十二斤。黄豆每石得油九斤（吴下⑤取油食后，以其饼充豕粮）。菘菜子每石得油三十斤（油出清如绿水）。棉花子每百斤得油七斤（初出甚黑浊，澄半月清甚）。苋菜子

每石得油三十斤（味甚甘美，嫌性冷滑）。亚麻、大麻仁每石得油二十余斤。此其大端，其他未穷究试验，与夫一方已试而他方未知者，尚有待云。

"字斟句酌"查注释

① 芸薹：即油菜，其子用以榨油。
② 茶：即油茶树。
③ 桕（jiù）仁：乌桕树子。
④ 韶郡：广东韶州府。今广东韶关地区。
⑤ 吴下：今江苏南部及浙江北部地区。

"古文今解"看译文

在食用油之中，以胡麻油（又名脂麻油）、莱菔子油、黄豆油和大白菜子油等为最佳。苏麻油（苏麻子的形状像紫苏，粒比胡麻粒大些）、油菜子油次之，茶子油（茶树高的有一丈多，茶子外形像金樱子，去肉取仁）次之，苋菜子油次之，大麻仁油（大麻种子像胡荽子，皮可以搓制绳索）为下品。

点灯所用的油料则以乌桕水油为最佳，油菜子油其次，亚麻仁油（陕西所种的亚麻，俗名叫壁虱脂麻，气味不太好闻，不堪食用）、棉子油又次之，胡麻子油（用来点灯耗油量会最大）又其次，桐油和桕混油则为下品（桐油毒气熏人，连皮膜榨出的桕混油凝结不清）。制造蜡烛，则以桕皮油为最适宜的油料，蓖麻子油次之，加白蜡凝结的桕混油次之，加白蜡凝结的各种清油次之，樟树子油（点灯时光度不弱，但有人不喜欢它的香气）再次之，冬青子油（只有韶郡才用，但嫌其含油量少，因此列为次等）更差一些。北方普遍用的牛油，则是很下等的油料了。

胡麻和蓖麻子、樟树子，每石可以榨油四十斤。莱菔子每石可以榨油二十七斤（味道很好，对人的五脏很有益）。油菜子每石可以榨油三十斤，如果除草勤、土壤肥、榨的方法又得当的话也可以榨四十斤（放置一年后，子实就会内空而变得无油）。茶子每石可以榨油十五斤（油味像猪油一样好，其枯饼只能用来引火或者毒鱼用）。桐子仁每石可以榨油三十三斤。柏树子核和皮膜分开榨时，就可以得到皮油二十斤、水油十五斤；混合榨时则可以得柏混油三十三斤（子、皮都必须干净）。冬青子每石可以榨油十二斤。黄豆每石可以榨油九斤（吴下一带取豆油食用，豆枯饼则作为喂猪的饲料）。大白菜子每石可以榨油三十斤（油清澈得好像绿水一样）。棉花子每一百斤可以榨油七斤（刚榨出来时油色很黑，混浊不清，放置半个月后就很清了）。苋菜子每石可以榨油三十斤（味甘可口，但嫌性冷滑）。亚麻仁、大麻仁每石可以榨油二十多斤。以上所列举的只是大概的情况而已，至于其他油料及其榨油率，因为没有进行深入考察和试验，或者有的已经在某个地方试验过而尚未推广的，那就有待以后再补述了。

法具

"抑扬顿挫" 读原文

凡取油，榨法而外，有两镬煮取法，以治蓖麻与苏麻；北京有磨法，朝鲜有舂法，以治胡麻。其余则皆从榨出也。凡榨，木巨者围必合抱，而中空之。其木樟为上，檀与杞次之（杞木为者，防地湿，则速朽）。此三木者脉理循环结长，非有纵直文，故竭力挥椎，实尖其中，而两头无璺拆[1]之患，他木有纵纹者不可为也。中土[2]江北少合抱木者，则取四根合并为之，铁箍裹定，横栓串合，而空其中，以受诸质，则散木有完木之用也。

凡开榨[3]，空中其量随木大小。大者受一石有余，小者受五斗不足。

凡开榨，辟中凿划平槽一条，以宛凿④入中，削圆上下，下沿凿一小孔，剜一小槽，使油出之时流入承藉器中。其平槽约长三四尺，阔三四寸，视其身而为之，无定式也。实槽尖与枋惟檀木、柞子木两者宜为之，他木无望焉。其尖过斤斧而不过刨，盖欲其涩，不欲其滑，惧报转也。撞木与受撞之尖，皆以铁圈裹首，惧披散也。

榨具已整理，则取诸麻、菜子入釜，文火慢炒（凡柏、桐之类属树木生者，皆不炒而碾蒸），透出香气，然后碾碎受蒸。凡炒诸麻、菜子，宜铸平底锅，深止六寸者，投子仁于内，翻拌最勤。若釜底太深，翻拌疏慢，则火候交伤，减丧油质。炒锅亦斜安灶上，与蒸锅大异。凡碾埋槽土内（木为者以铁片掩之），其上以木杆衔铁陀，两人对举而推之。资本广者则砌石为牛碾，一牛之力可敌十人。亦有不受碾而受磨者，则棉子之类是也。既碾而筛，择粗者再碾，细者则入釜甑受蒸。蒸气腾足取出，以稻秸与麦秸包裹如饼形，其饼外圈箍，或用铁打成，或破篾绞刺而成，与榨中则寸相吻合。

凡油原因气取，有生于无。出甑之时，包裹怠缓，则水火郁蒸之气游走，为此损油。能者疾倾、疾裹而疾箍之，得油之多，诀由于此。榨工有自少至老而不知者。包裹既定，装入榨中，随其量满，挥撞挤轧，而流泉出焉矣。包内油出滓存，名曰枯饼。凡胡麻、莱菔、芸薹诸饼，皆重新碾碎，筛去秸芒，再蒸、再裹而再榨之。初次得油二分，二次得油一分。若柏、桐诸物，则一榨已尽流出，不必再也。

若水煮法，则并用两釜。将蓖麻、苏麻子碾碎，入一釜中，注水滚煎，其上浮沫即油。以杓掠取，倾于干釜内，其下慢火熬干水气，油即成矣。然得油之数毕竟减杀。北磨麻油法，以粗麻布袋捩绞，其法再详。

"字斟句酌" 查注释

① 璺（wèn）拆：开裂破散。
② 中土：中原一带。

③ 开榨：制作榨具。

④ 宛凿：弧形凿。

"古文今解" 看译文

制取油料的方法，除了压榨法之外，还有用两个锅煮取的方法，用来制取蓖麻油和苏麻油。北京用的是研磨法，朝鲜用的是舂磨法，用来制取胡麻油。其余的油都是用压榨法制取。榨具要用周长达到两臂伸出才能环抱住的木材来做，将木头中间挖空。用樟木做的最好，用檀木与杞木做的要差一些（杞木做的怕潮湿、容易腐朽）。这三种木材的纹理都是缠绕扭曲的，没有纵直纹。因此，把尖的楔子插在其中并尽力舂打时，木材的两头不会拆裂，其他有直纹的木材则不适宜。中原地区长江以北很少有两臂抱围的大树，可用四根木拼合起来，用铁箍箍紧，再用横栓

榨方舟

拼合起来，中间挖空，以便放进用于压榨的油料，这样就可把散木当作完整的木材来使用了。

制作榨具时，木料中间要挖空，多少要以木料的大小为准，大的可以装下一石多油料，小的还装不了五斗。做油榨时，要在中空部分凿开一条平槽，用弯凿削圆上下，再在下沿凿一个小孔，再削一条小槽，使榨出的油能流入接受器中。平槽长约三四尺，宽约三四寸，六小根据榨身而定，没有一定的格式。插入槽里的尖楔和枋木都要用檀木或者柞木来做，其他木料不合用。尖楔用刀斧砍成而不需要刨，因为要粗糙而不要光滑，以免它滑出。撞木和受撞的尖楔都要用铁圈箍住头部以防披散。

榨具准备好了，就将蓖麻子或油菜子之类的油料放进锅里，用文火慢炒（凡属木本的柏子、桐子这类的子实，都要碾碎后蒸熟而不必经过炒制），透出香气时就取出来，碾碎、入蒸。炒蓖麻子、菜子要用六寸深的平底锅比较合适，将子仁放进锅后不断翻拌。如果锅太深，翻拌又少，就会因子仁受热不均匀而降低油的产量和质量。炒锅斜放在灶上，跟蒸锅大不一样。碾槽埋在地面上（木制的要用铁片覆盖），上面用一根木杆穿过圆铁饼的圆心，两

人相对一齐向前推碾。资本雄厚的则用石块砌成牛碾，一头牛拉碾的劳动效率相当于十个人的劳动力。有些子实，例如棉子之类，只能用磨而不需要用碾。碾了之后再筛，粗的再碾，细的放入甑子里蒸。当蒸气升腾足够饱和时取出，用稻秆或麦秆包裹成大饼的形状，饼外围的箍用铁打成或者用竹篾交织而成，这些箍要与榨中空隙的尺寸相符合。

油是通过蒸气而提取的，"有形"生于"无形"，所以出甑子的时候如果包裹动作太慢就会使一部分闭结的蒸气逸散，出油率也就降低了。技术熟练的人能够做到快倒、快裹、快箍，得油多的诀窍就在这里。有的榨工从小做到老还不明白这个诀窍呢。油料包裹好了后，装入榨具中，挥动撞木把尖楔打进去挤压，油就像泉水那样流出来了。包裹里剩下的渣滓叫作枯饼。胡麻、莱菔、芸薹等的初次枯饼都要重新碾碎，筛去茎秆和壳刺，再蒸、再包和再榨。第一次榨得油二分，第二次榨得油一分。但如果是柏子、桐子之类的子实，则榨一次油已全部流出，因此也就不必再榨了。

如果用水煮法制油，则同时使用两个锅，将蓖麻子或苏麻子碾碎，放进一个锅里，加水煮至沸腾，上浮的泡沫便是油。用勺子撇取，倒入另一个没有水的干锅中，下面用慢火熬干水分，便得到油了。不过用这种方法得到的油量毕竟有所降低。北方用研磨法制取芝麻油，是把磨过的芝麻子装在粗麻布袋里扭绞的，这种方法以后再详细地介绍。

皮油

凡皮油造烛，法起广信郡[①]，其法取洁净柏子，囫囵入釜甑蒸，蒸后倾于臼内受舂。其臼深约尺五寸。碓以石为身，不用铁嘴。石取深山结而腻者，轻重斫成限四十斤，上嵌横木之上而舂之。其皮膜上油尽脱骨而纷落，挖起，筛于盘内，再蒸，包裹、入榨皆同前法。皮油已落尽，其骨为黑子。用冷腻小石磨不惧火煅者（此磨亦从信郡深山觅取），以红火矢围壅煅热^②，将黑子逐把灌入疾磨。磨破之时，风扇去其黑壳，则其内完全白仁，与梧桐子无异。将此碾、蒸、包裹、入榨，与前法同。榨出水油，清亮无比，贮小盏之中，独根心草燃至天明，盖诸清油所不及者。入食馔即不伤人，恐有忌者，宁不用耳。

其皮油造烛，截苦竹筒两破，水中煮涨（不然则粘带），小篾箍勒定，用鹰嘴铁杓挽油灌入，即成一枝。插心于内，顷刻冻结，捋箍开筒而取之。或削棍为模，裁纸一方，卷于其上，而成纸筒，灌入亦成一烛。此烛任置风尘中，再经寒暑，不敝坏也。

"字斟句酌" 查注释

① 广信郡：江西广信府，今江西上饶地区。
② 以红火矢围壅煅热：用烧红的木炭围满石磨使其变热。

"古文今解" 看译文

用皮油制造蜡烛是江西广信郡创始的。把洁净的乌桕子整个放入饭甑里去蒸煮，蒸好后倒入白内舂捣。白约一尺五寸深。碓身是用石块制造的，不用铁嘴。石料取自深山中，坚实而细滑，斫成后重量限定四十斤，上部嵌在平横木的一端，便可以舂捣了。乌桕子核外包裹的油脂层舂过以后全部脱落，挖起来，把油脂层筛掉放入盘里再蒸，然后包裹入榨，方法同上。乌桕子外面的油脂层脱落后，里面剩下的核子就是黑子。用一座不怕火烧的冷滑小石磨（这种磨石也是从广信的深山中找到的），周围堆满烧红的炭火加以烘热，将黑子逐把投入小石磨中快磨。磨破以后，就用风扇去掉黑壳，剩下的便全是白色的仁，如梧桐子一样。将这

种白仁碾碎上蒸之后，用前文所述的方法包裹、入榨。榨出的油叫作
"水油"，很是清亮，装入小灯盏中，用一根灯芯草就可点燃到天明，其
他的清油都比不上它。拿它食用对人无伤害，但有些人不放心，宁可不
食用。

　　用皮油制造蜡烛的方法是：将苦竹筒破成两半，放在水里煮涨（否
则会粘带皮油）后，用小篾箍固定，用尖嘴铁杓装油灌入筒中，再插进
烛芯，便成了一支蜡烛。过一会儿待蜡冻结后，顺筒捋下篾箍，打开竹
筒，将烛取出。另一种方法是把小木棒削成蜡烛模型，然后裁一张纸，
卷在上面做成纸筒。然后将皮油灌入纸筒，也能结成一根蜡烛。这种蜡
烛无论风吹尘盖，还是经历冷天和热天，都不会变坏。

杀青
SHAQING

"赏奇析疑" 谈方法

　　"杀青"是造纸的意思，出自《后汉书》："恢欲杀青简以写经书。"原意是古人削去竹子上的青皮，把字写在竹白上，其实竹子去皮也是造纸的第一步，所以作者把杀青看作造纸的同义词。虽然造纸术是我国的四大发明之一，但是少有详细的工艺记载，本章第一次详细记载了造纸的过程。

"知人论世" 聊背景

　　宋应星的这本《天工开物》能够流传后世，少不了他的一位挚友的功劳。宋应星有一位好朋友名叫涂绍煃，他们同师于舒日敬门下，并同榜中举。涂绍煃是宋应星"肺腑获通"的好友，宋应升的第三个儿子宋士颜娶的是涂绍煃的女儿。当时涂绍煃任河南信阳兵备道，积极主张开发矿藏，兴办工业，来资助抵抗清兵的粮饷，同时资助《天工开物》的刻印。并且首次在江西设厂冶铁铸器。宋应星的《天工开物》如果没有涂绍煃帮助刊刻，也不能流传到现在。

"抑扬顿挫" 读原文

宋子曰：物象精华，乾坤微妙，古传今而华达夷，使后起含生，目授而心识之，承载者以何物哉？君与民通，师将弟命，冯藉咕咕①口语，其与几何？持寸符②，握半卷，终事诠旨，风行而冰释焉。覆载之间之藉有楮先生③也，圣顽④咸嘉赖之矣。身为竹骨与木皮，杀其青而白乃见，万卷百家，基从此起。其精在此，而其粗效于障风、护物⑤之间。事已开于上古，而使汉、晋时人擅名记者，何其陋哉！⑥

"字斟句酌" 查注释

①咕咕：喋喋不休。

②寸符：一寸宽的文书凭证。

③楮先生：唐人韩愈有《毛颖传》，拟文房为人，毛笔以兔毫所造，故称毛颖；纸以楮树皮制造，故称楮先生。

④圣顽：圣贤与愚顽。

⑤障风、护物：糊窗户、包东西。

⑥"事已开于上古"句：宋应星的意思是把造纸术的发明权记在汉、晋某人的名下，这是不对的。造纸的源头远在上古，因为那时就应该有最原始的纸，以用来糊窗户、包东西。宋应星的推测不是没有道理，即纸的雏形应该远早于蔡伦，但若说是起于上古，则推得也太远了。

"古文今解" 看译文

宋先生说：万物万象之精华，天地宇宙之奥妙，这些知识从古传至今，从中华传至四夷，使后世的生民眼观而心会，靠的是什么载体呢？君主与臣下交换意见，师父将手艺传给弟子，如果只是凭借喋喋不休的口头语言相传，那又能表达多少？但是只要有短短一张文符或者是半册课本，就能把有关事物的道理阐述清楚，就能使命令风行天下，疑难也

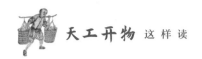

会如同冰雪融化一样消释。自从世上有了纸之后，聪明的人和愚钝的人都从中受益匪浅。纸是以竹骨和树皮为原料造成的，除去树木的青色外皮而造成白纸，于是诸子百家的万卷图书才有了书写和印刷的物质基础。精细的纸用于书写印刷，而粗糙的纸则用来糊窗挡风和物品包装。造纸术早在上古时就已经有了，但却有人把它说成是汉、晋时由某个人所发明，这种看法是多么疏陋浅显啊！

纸料

 "抑扬顿挫" 读原文

凡纸质，用楮树（一名榖树）皮与桑穰①、芙蓉膜②等诸物者为皮纸，用竹麻者为竹纸。精者极其洁白，供书文、印文、柬、启用；粗者为火纸③、包裹纸。

所谓杀青，以斩竹得名，汗青以煮沥得名，简即已成纸名。④乃煮竹成简，后人遂疑削竹片以纪事，而又误疑韦编为皮条穿竹札也。秦火未经时，书籍繁甚，削竹能藏几何？如西番用贝树造成纸叶⑤，中华又疑以贝叶书经典。不知树叶离根即焦，与削竹同一可哂也。

"字斟句酌" 查注释

①桑穰：桑树里面那一层皮，较松软。

②芙蓉膜：即木芙蓉的韧皮。

③火纸：做冥钱烧用的纸。

④"所谓'杀青'"句：宋应星继续为他的纸起于上古说进行论证，对"杀青""汗青"做了自己的理解，即都是造纸的工序，而"简"就是纸的别名。这些说法显然是不正确的。

⑤ 西番用贝树造成纸叶：印度并不是把贝树造成纸，而是把文字直接写在贝树叶上。

"古文今解"看译文

用楮树（一名穀树）皮、桑树皮和木芙蓉皮等造的纸叫作皮纸，用竹麻造的纸叫作竹纸。精细的纸非常洁白，可以供书写、印刷、书信、文书之用；粗糙的纸则用于制作火纸和包装纸。

所谓"杀青"就是从斩竹去青而得到的名称，"汗青"则是以煮沥而得到的名称，"简"便是已经造成的纸。因为煮竹能成"简"和纸，后人于是就误认为削竹片可以记事，进而还错误地以为古代的书册都是用皮条穿编竹简而成的。在秦始皇焚书以前，已经有很多书籍，如果纯用竹简，又能写下几个字呢？西域一带的人用贝树造成纸页，而我国有人猜测他们可以用贝树叶来书写经文（即"贝叶经"）。岂不知树叶离根就会焦枯，这种说法跟削竹记事的说法是同样可笑的。

造竹纸

"抑扬顿挫"读原文

凡造竹纸，事出南方，而闽省独专其盛。当笋生之后，看视山窝深浅，其竹以将生枝叶者为上料。节届芒种，则登山砍伐。截断五七尺长，就于本山开塘一口，注水其中漂浸。恐塘水有涸时，则用竹枧①通引，不断瀑流注入。浸至百日之外，加功槌洗，洗去粗壳与青皮（是名杀青）。其中竹穰形同苎麻样，用上好石灰化汁涂浆，入楻桶②下煮，火以八日八夜为率。

凡煮竹，下锅用径四尺者，锅上泥与石灰捏弦③，高阔如广中煮盐牢盆样，中可载水十余石。上盖楻桶，其围丈五尺，其径四尺余。盖定受煮，八日已足。歇火一日，揭楻取出竹麻，入清水漂塘之内洗净。其塘底面、四维④皆用木板合缝砌完，以防泥污。（造粗纸者，不须为此）洗净，用柴灰浆过，再入釜中，其上按平，平铺稻草灰寸许。桶内水滚沸，即取出别桶之中，仍以灰汁淋下。倘水冷，烧滚再淋。如是十余日，自然臭烂。取出入臼受舂（山国⑤皆有水碓），舂至形同泥面，倾入槽内。

凡抄纸槽，上合方斗，尺寸阔狭，槽视帘，帘视纸。竹麻已成，槽内清水浸浮其面三寸许。入纸药水汁于其中（形同桃竹叶，方语无定名），则水干自成洁白。凡抄纸帘，用刮磨绝细竹丝编成。展卷张开时，下有纵横架匡⑥。两手持帘入水，荡起竹麻，入于帘内。厚薄由人手法，轻荡则薄，重荡则厚。竹料浮帘之顷，水从四际淋下槽内。然后覆帘，落纸于板上，叠积千万张。数满，则上以板压。俏绳入棍，如榨酒法，使水气净尽流干。然后以轻细铜镊逐张揭起焙干。凡焙纸，先以土砖砌成夹巷，下以砖盖巷地面，数块以往，即空一砖。火薪从头穴烧发，火气从砖隙透巷，外砖尽热，湿纸逐张贴上焙干，揭起成帙。

近世阔幅者，名大四连，一时书文贵重。其废纸，洗去朱墨、污秽，浸烂，入槽再造，全省从前煮浸之力，依然成纸，耗亦不多。南方竹贱之国，不以为然。北方即寸条片角在地，随手拾取再造，名曰还魂纸。竹与皮⑦，精与粗，皆同之也。若火纸、糙纸，斩竹煮麻，灰浆水淋，皆同前法。惟脱帘之后不用烘焙，压水去湿，日晒成干而已。

盛唐时，鬼神事繁，以纸钱代焚帛（北方用切条，名曰板钱），故造此者，名曰火纸。荆楚近俗，有一焚侈至千斤者。此纸十七供冥烧，十三供日用。其最粗而厚者，名曰包裹纸，则竹麻和宿田晚稻稿所为也。若铅山⑧诸邑所造柬纸，则全用细竹料厚质荡成，以射重价⑨。最上者曰官柬，富贵之家通刺⑩用之。其纸敦厚而无筋膜，染红为吉柬，则先以白矾水染过，后上红花汁云。

① 竹枧：毛竹做的水管或水槽。

② 楻桶：大木桶，但在这里指连同下面受火的铁锅在内的楻桶。

③ 泥与石灰捏弦：弦指锅的边缘，捏弦即把边缘透气之处用灰泥封死。

④ 四维：四面。

⑤ 山国：此指南方山区。

⑥ 匡：同"框"。

⑦ 竹与皮：竹纸与皮纸。

⑧ 铅山：地在江西。

⑨ 射重价：谋求重利。

⑩ 刺：名帖，相当于今天的名片，是在拜访别人时通报所用。

"古文今解" 看译文

竹纸是南方制造的，其中以福建省为最多。当竹笋生出以后，到山窝里观察竹林长势，将要生枝叶的嫩竹是造纸的上等材料。每年到芒种节令，便可上山砍竹。把嫩竹截成五到七尺一段，就地开一口山塘，灌水漂浸竹料。为了避免塘水干涸，用竹制导管引水滚滚流入。浸到一百天开外，把竹子取出再用木棒敲打，最后洗掉粗壳与青皮（这一步骤就叫作杀青）。这时候的竹穰就像苎麻一样，再用优质石灰调成乳液拌和，放入楻桶里煮上八天八夜。

煮竹子的锅，直径约四尺，用黏土调石灰封固锅的边沿，使其高度和宽度类似于广中地区煮盐的牢盆那样，里面可以装下十多石水。上面盖上周长约一丈五尺、直径约四尺多的楻桶。竹料加入锅和楻桶中，煮八天就足够了。停火加热一天后，揭开楻桶，取出竹麻，放到清水塘里漂洗干净。漂塘底部和四周都要用木板合缝砌好，以防止沾染泥污（造粗纸时不必如此）。竹麻洗净之后，用柴灰水浸透，再放入锅内按平，铺一寸左右厚的稻草灰。煮沸之后，就把竹麻移入另一桶中，继续用草木

灰水淋洗。如果草木灰水冷却，就要煮沸再淋洗。这样经过十多天，竹麻自然就会腐烂发臭。把它拿出来放入白内舂成泥状（山区都有水碓），倒入抄纸槽内。

抄纸槽像个方斗，大小由抄纸帘而定，抄纸帘又由纸张的大小来定。竹料既已制成，抄纸槽内放置清水，水面高出竹料约三寸左右，加入纸药水汁（这种纸药液用一种好像桃竹叶的植物叶子制成，各地的名称都不一样），这样抄成的纸干后便会很洁白。抄纸帘是用刮磨得极其细的竹丝编成的，展开时下面有木框托住。两只手拿着抄纸帘放进水中，荡起竹浆让它进入抄纸帘中。纸的厚薄可以由人的手法来调控：轻荡则薄，重荡则厚。竹料浮在帘上时，水从四边淋回抄纸槽；然后把帘网翻转，让纸落到木板上，叠积成千上万张。等到数目够了时，就压上一块木板，捆上绳子并插进棍子，绞紧，用类似榨酒的方法把水分压干。然后用小

铜镊把纸逐张揭起，烘干。烘焙纸张时，先用土砖砌两堵墙形成夹巷，底下用砖盖火道，夹巷之内盖的砖块每隔几块砖就留出一个空位。火从巷头的炉口燃烧，热气从留空的砖缝中透出而充满整个夹巷，等到夹巷外壁的砖都烧热时，就把湿纸逐张贴上去焙干，再揭下来放成一叠。

近来生产一种宽幅的纸，名叫大四连，用来书写，显得贵重。等到它用废以后，洗去朱墨、污秽，浸烂之后入抄纸槽再造，因此节省了浸竹和煮竹等工序，依然成纸，损耗不多。南方竹子数量多而且价钱低廉，也就用不着这样做。北方即使是寸条片角的纸丢在地上，也要随手拾起来再造，这种纸叫作还魂纸。竹纸与皮纸、精细的纸与粗糙的纸，都是用上述方法制造的。至于火纸与粗纸，斩竹、制取竹麻、用石灰浆、用稻草灰水淋洗等工序都和前面讲过的相同，只是脱帘之后不必再行烘焙，压干水分后放在阳光底下晒干就好了。

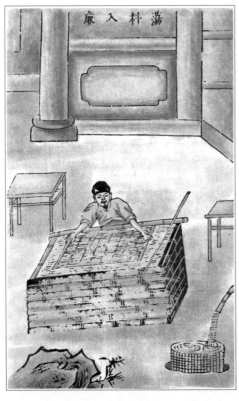

　　盛唐时期，很时兴拜神祭鬼，祭祀时烧纸钱而不再烧帛（纸钱北方用切条，名为板钱），因而这种纸叫火纸。湖南、湖北一带近来的风俗有的奢侈到一次烧火纸就达到上千斤的。这种纸十分之七用于祭祀，十分之三供人日常所用。其中最粗糙的厚纸叫作包裹纸，是用竹麻和隔年晚稻的稻草制成的。铅山等县出产的柬纸，完全是用细竹料加厚抄成的，用以抬高价格。其中最上等的纸称为官柬纸，供富贵人家制作名帖所用。这种纸厚实而没有粗筋，如果把它染红用作办喜事的红"吉帖"，就要先用明矾水浸过，再染上红花汁。

五金

WUJIN

"五金"是什么？指的是金、银、铜、铁、锡五种金属，也指各种金属。本章所记载的内容堪称"工业之母"，讲述了各种金属的开采、冶炼、合金等技术，还提到了试金石的妙用，这是比色分析法的鼻祖。

宋应星的《天工开物》为中国做了什么贡献？宋应星在中国历史上第一个从专门科学技术角度，把农业和手工业的18个生产领域中的技术知识放在一起研究。他对我国明代以前的农业和手工业方面积累起来的技术经验做了比较全面和完整的概括，并使它系统化，构成了一个科学技术体系，这是一项前所未有的创举。在《天工开物》中用《冶铸》《锤锻》《五金》等三卷专门叙述铁、铜、铅、锡、银、金、锌等金属和它们的合金的冶炼、铸造、锤锻技术，填补了我国古代一项重要的文献空白。

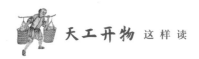

"抑扬顿挫" 读原文

宋子曰：人有十等，自王、公至于舆、台①，缺一焉，而人纪不立矣。大地生五金，以利用天下与后世，其义亦犹是也。贵者千里一生，促②亦五六百里而生。贱者舟车稍艰之国③，其土必广生焉。黄金美者，其值去黑铁一万六千倍，然使釜鬶斤斧不呈效于日用之间，即得黄金，直④高而无民耳。贸迁有无，货居《周官》泉府⑤，万物司命系焉。其分别美恶而指点重轻，孰开其先，而使相须于不朽焉？

"字斟句酌" 查注释

① 人有十等，自王、公至于舆、台：典出《左传》，将人分为王、公、大夫、士、皂、舆、隶、僚、仆、台十等。
② 促：近。
③ 舟车稍艰之国：舟车难于达到的偏僻地区。
④ 直：同"值"。
⑤ 泉府：掌管钱币铸造及流通的官府。

"古文今解" 看译文

宋先生说：人分十个等级，从高贵的王、公到低贱的舆、台，其中缺少一个等级，则等级制度就建立不起来了。大地产生出贵贱不同的各种金属（五金），以利于天下与后世，其道理和人分贵贱是同样的。贵金属，大概隔一千里才有一处出产，近的也要隔五六百里才有一处。五金中最贱的金属，在交通稍有不便的地方，也会有大量的储藏。最好的黄金，价值要比黑铁高一万六千倍，然而，如果没有铁制的锅、刀、斧之类供人们日常生活之用，即使有了黄金，也不过好比只有高官而没有百姓罢了。金属的另一种作用是铸成钱币，作为贸易交往中的流通手段，由《周礼》所说的泉府一类官员掌管铸钱，以牢牢控制一切货物的命脉。

至于分别金属的好与坏，指出它们价值的轻与重，这是谁开的头，使得它们永远是必需之物呢？

黄金

"抑扬顿挫" 读原文

凡黄金为五金之长，熔化成形之后，住世永无变更。白银入洪炉虽无折耗，但火候足时，鼓鞴而金花闪烁，一现即没，再鼓则沉而不现。惟黄金则竭力鼓鞴，一扇一花，愈烈愈现，其质所以贵也。

凡中国产金之区，大约百余处，难以枚举。山石中所出，大者名马蹄金，中者名橄榄金、带胯金，小者为瓜子金。水沙中所出，大者名狗头金，小者名麸麦金、糠金。平地掘井得者，名面沙金，大者名豆粒金。皆待先淘洗后冶炼而成颗块。

金多出西南，取者穴山至十余丈见伴金石，即可见金。其石褐色，一头如火烧黑状。水金多者出云南金沙江（古名丽水），此水源出吐蕃，绕流丽江府，至于北胜州，回环五百余里，出金者有数截。又川北潼川①等州邑与湖广沅陵、溆浦等，皆于江沙水中淘沃取金。千百中间有获狗头金一块者，名曰金母，其余皆麸麦形。入冶煎炼，初出色浅黄，再炼而后转赤也。儋、崖②有金田，金杂沙土之中，不必深求而得。取太频则不复产，经年淘炼，若有则限。然岭南夷獠洞穴中，金初出如黑铁落③，深挖数丈得之黑焦石下。初得时咬之柔软，夫匠有吞窃腹中者，亦不伤人。河南蔡、巩等州邑，江西乐平、新建等邑，皆平地掘深井取细沙淘炼成，但酬答人功所获亦无几耳。大抵赤县之内，隔千里而一生。《岭表录》④云，居民有从鹅鸭屎中淘出片屑者，或日得一两，或空无所获。此恐妄记也。

　　凡金质至重。每铜方寸重一两者，银照依其则，寸增重三钱。银方寸重一两者，金照依其则，寸增重二钱。凡金性又柔，可屈折如枝柳。其高下色分七青、八黄、九紫、十赤。登试金石上（此石广信郡河中甚多，大者如斗，小者如拳，入鹅汤中一煮，光黑如漆），立见分明。凡足色金参和伪售者，惟银可入，余物无望焉。欲去银存金，则将其金打成薄片剪碎，每块以土泥裹涂，入坩埚中硼砂熔化，其银即吸入土内，让金流出，以成足色。然后入铅少许，另入坩埚内，勾出土内银，亦毫厘具在也。

　　凡色至于金，为人间华美贵重，故人工成箔而后施之。凡金箔每金七厘，造方寸金一千片，粘铺物面，可盖纵横三尺。凡造金箔，既成薄片后，包入乌金纸内，竭力挥椎打成（打金椎，短柄，约重八斤）。凡乌金纸由苏、杭造成，其纸用东海巨竹膜为质。用豆油点灯，闭塞周围，只留针孔通气，熏染烟光而成此纸。每纸一张打金箔五十度，然后弃去，为药铺包朱⑤用，尚未破损，盖人巧造成异物也。

　　凡纸内打成箔后，先用硝熟猫皮绷急为小方板，又铺线香灰撒墁皮上。取出乌金纸内箔覆于其上，钝刀界画成方寸。口中屏息，手执轻杖，唾湿而挑起，夹于小纸之中。以之华物，先以熟漆布地，然后粘贴（贴字者多用楮树浆）。秦中造皮金者，硝扩羊皮使最薄，贴金其上，以便剪裁服饰用。皆煌煌至色存焉。凡金箔粘物，他日敝弃之时，刮削火化，其金仍藏灰内。滴清油数点，伴落聚底，淘洗入炉，毫厘无羌。

　　凡假借金色者，杭扇以银箔为质，红花子油刷盖，向火熏成。广南货物以蝉蜕壳调水描画，向火一微炙而就，非真金色也。其金成器物，呈分浅淡者，以黄矾涂染，炭火炸炙，即成赤宝色。然风尘逐渐淡去，见火又即还原耳（黄矾详《燔石》卷）。

① 川北潼川：今四川梓潼。

② 儋、崖：儋耳、琼崖，即海南岛。

③ 铁落：锻打铁时敲出的铁渣。

④《岭表录》：即《岭表录异》，唐人刘恂著。

⑤ 朱：指朱砂。

"古文今解"看译文

黄金是五金中最贵重的，一旦熔化成形，永远不会发生变化。白银入熔炉熔化虽然不会有损耗，但当温度够高时，用风箱鼓风会引起金花闪烁，出现一次就没有了，再鼓风也不再出现金花。只有黄金，用力鼓风时，鼓一次金花就闪烁一次，火越猛金花出现越多，这是黄金之所以珍贵的原因。

中国产金地区约有一百多处，难以列举。山石中所出产的，大的叫马蹄金，中的叫橄榄金或带胯金，小的叫瓜子金。在水沙中所出产的，大的叫狗头金，小的叫麦麸金、糠金。在平地挖井得到的叫面沙金，大的叫豆粒金。这些都要先经淘洗然后冶炼，才成为颗块形的金子。

黄金多数产自我国西南部，采金的人开凿矿井十多丈深，一看到伴金石，就能找到金了。这种石呈褐色，一头好像给火烧黑了似的。蕴藏在河里的沙金，大多产于云南的金沙江（古名丽水），这条江发源于青藏高原，绕过丽江府，流至北胜州，迂回达五百多里，产金的有好几段。此外还有四川北部潼川等州和湖广沅陵、溆浦等地，都可在江沙中淘得沙金。在千百次淘取中，偶尔才会获得一块狗头金，叫作金母，其余的都不过是麦麸形状的金屑。金在冶炼时，最初呈现浅黄色，再炼就转化成为赤色。海南岛的儋、崖两地都有砂金矿，金夹杂在沙土中，不必深挖就能获得。但淘取太频繁，便不会再出产，一年到头都这样挖取，熔炼，即使有也是很有限的了。在岭南少数民族地区的洞穴中，刚挖出来的金好像黑色的铁屑，这种金要挖几丈深，在黑焦石下面才能找到。初得时拿来咬一下，是柔软的，采金的人有的偷偷把它吞进肚子里，也不会对人有伤害。河南上蔡、巩义一带，江西乐平、新建等地，都是在平地开挖很深的矿井，取得细沙淘炼而得到金的，可是由于消耗劳动力太大，扣除人工费用外，所得也就很少了。大概在我国要隔千里才会找到一处金矿。《岭表录》中说："有人从鹅、鸭屎中淘取金屑，多的每日可得一两，少的则毫无所获。"这个记载恐怕是虚妄不可信的。

金是最重的东西，假定铜每立方寸重一两，则银每立方寸要增加三钱重量；再假定银每立方寸重一两，则金每立方寸增加重量二钱。黄金的另一种性质就是柔软，能像柳枝那样屈折。至于它的成分高低，大抵青色的含金七成，黄色的含金八成，紫色的含金九成，赤色的则是纯金了。把这些金在试金石上划出条痕（这种石头在江西广信府河里很多，大的有斗那样大，小的就像个拳头，把它放进鹅汤里煮一下，就像漆那样又光又黑了），用比色法就能够分辨出它的成色。纯金如果要掺和别的金属作伪出售，只有银可以掺入，其他金属都不行。如果要想除银存金，就要将这些杂金打成薄片，剪碎，每块用泥土涂上或包住，然后放入坩埚里加入硼砂熔化，这样银便被泥土所吸收，让金水流出来，成为纯金。然后另外放一点铅入坩埚里，又能把泥土中的银吸附出来，而丝毫不会有损耗。

黄金以其华美的颜色为人所贵重，因此人们将黄金加工打造成金箔用于装饰。每七厘黄金捶成一平方寸的金箔一千片，把它们黏铺在器物表面，可以盖满三尺见方的面积。金箔的制法是：把金捶成薄片，再包在乌金纸里，用力挥动铁锤打成（打金箔的锤大约有八斤重，柄很短）。乌金纸由苏州或杭州制造，用东海大竹膜做原料。纸做成后点起豆油灯，封闭着周围，只留下一个针眼大的小孔通气，经过灯烟的熏染制成乌金纸。每张乌金纸供捶打金箔五十次后就不要了，还未破损的话，可以给药铺作包朱砂之用，这是凭精妙工艺制造出来的奇妙东西。

夹在乌金纸里的金片被打成箔后，先把硝制过的猫皮绷紧成小方板，再将香灰撒满皮面，拿出乌金纸里的金箔放上去，用钝刀画成一平方寸的方块。然后屏住呼吸，拿一根轻木条用唾液湿一下，粘起金箔，夹在小纸片里。用金箔装饰物件时，先用熟漆在物件表面上涂刷一遍，然后将金箔粘贴上去（贴字时多用楮树浆）。秦中制造的皮金，是用硝制过的羊皮拉至极薄，然后把金箔贴在皮上，供剪裁服饰使用。这些器物皮件因此都显出辉煌夺目的美丽颜色。凡用金箔粘贴的物件，如果日后破旧不用，可以刮下来用火烧，金质就留在灰里。加进几滴菜子油，金质又会积聚沉底，淘洗后再熔炼，可以全部回收而毫无损耗。

使器物具有金色的方法：杭州的扇子是用银箔做底，涂上一层红花子油，再在火上熏一下做成金色的。广南的货物是用蝉蜕壳磨碎后浸水来描画，再用火稍微烤一下做成金色的，这些都不是真金的颜色。即使由金做成的器物，因成色较低而颜色浅淡的，也可用黄矾涂染，在猛火中烘一烘，立刻就会变成赤宝色。但是日子久了又会逐渐褪色，如果把它拿到火中焙一下，则又可以恢复赤宝色（黄矾详见《燔石》卷）。

银

"抑扬顿挫" 读原文

凡银，中国所出，浙江、福建旧有坑场，国初或采或闭。江西饶、信、瑞三郡，有坑从未开。湖广则出辰州，贵州则出铜仁，河南则宜阳赵保山、永宁秋树坡、卢氏高咀儿、嵩县马槽山，与四川会川密勒山、甘肃大黄山等，皆称美矿。其他难以枚举。然生气有限，每逢开采，数不足，则括派①以赔偿；法不严，则窃争而酿乱，故禁戒不得不苛。燕、

齐诸道，则地气寒而石骨薄，不产金、银。然合八省所生，不敌云南之半，故开矿煎银，惟滇中可永行也。

凡云南银矿，楚雄、永昌、大理为最盛，曲靖、姚安次之，镇沉又次之。凡石山硐中有矿砂，其上现磊然小石，微带褐色者，分丫成径路。采者穴土十丈或二十丈，工程不可日月计。寻见土内银苗，然后得礁砂所在。凡礁砂藏深土，如枝分派别，各人随苗分径横挖而寻之。上楮横板架顶，以防崩压。采工篝灯逐径施镬，得矿方止。凡土内银苗，或有黄色碎石，或土隙石缝有乱丝形状，此即去矿不远矣。

凡成银者曰礁，至碎者曰砂，其面分丫若枝形者曰矿，其外包环石块曰"矿"②。"矿"石大者如斗，小者如拳，为弃置无用物。其礁砂形如煤炭，底衬石而不甚黑。其高下有数等（商民凿穴得砂，先呈官府验辨，然后定税）。出土以斗量，付与冶工，高者六七两一斗，中者三四两，最下一二两（其礁砂放光甚者，精华泄露，得银偏少）。

凡礁砂入炉，先行拣净淘洗。其炉，土筑巨墩，高五尺许，底铺瓷屑、炭灰，每炉受礁砂二石。用栗木炭二百斤，周遭丛架。靠炉砌砖墙一朵，高阔皆丈余。风箱安置墙背，合两三人力，带拽透管通风。用墙以抵炎热，鼓鞴之人方克安身。炭尽之时，以长铁叉添入。风火力到，礁砂熔化成团。此时，银隐铅中，尚未出脱，计礁砂二石熔出团约重百斤。冷定取出，另入分金炉（一名虾蟆炉）内。用松木炭匝围，透一门以辨火色。其炉或施风箱，或使交篾③。火热功到，铅沉下为底子（其底已成陀僧④样，别入炉炼，又成扁担铅）。频以柳枝从门隙入内燃照，铅气净尽，则世宝⑤凝然成象矣。此初出银，亦名生银。倾定无丝纹，即再经一火，当中止现一点圆星，滇人名曰茶经。逮后入铜少许，重以铅力熔化，然后入槽成丝（丝必倾槽而现，以四围匡住，宝气不横溢走散）。其楚雄所出又异，彼硐砂铅气甚少，向诸郡购铅佐炼。每礁百斤，先坐铅二百斤于炉内，然后煽炼成团。其再入虾蟆炉沉铅结银，则同法也。此世宝所生，更无别出。方书、本草，无端妄想妄注，可厌之甚。

大抵坤元⑥精气，出金之所三百里无银；出银之所，三百里无金。造物之情，亦大可见。其贱役扫刷泥尘，入水漂淘而煎者，名曰淘厘锱。一日功劳，轻者所获三分，重者倍之。其银俱日用剪、斧口中委余⑦，或鞋底粘带布于衢市，或院宇扫屑弃于河沿。其中必有焉，非浅浮土面能生此物也。

凡银为世用，惟红铜与铅两物可杂入成伪。然当其合琐碎而成钣锭⑧，去疵伪而造精纯，高炉火中，坩埚足炼。撒硝少许，而铜、铅尽滞埚底，名曰银锈。其灰池中敲落者，名曰炉底。将锈与底同入分金炉内，填火土甑之中，其铅先化，就低溢流，而铜与粘带余银，用铁条逼就分拨，井然不紊。人工、天工亦见一斑云。

"字斟句酌" 查注释

① 括派：搜括摊派。

② "矿"：此处"矿"指不含银的脉石，是无用之物，与通常意义下的"矿"字含义不一样。

③ 交篴（shà）：团扇。

④ 陀僧：一种矿石，为黄色的氧化铅。

⑤ 世宝：世上可以作为货币流通的白银。

⑥ 坤元：大地。

⑦ 日用剪、斧口中委余：大约是指剪割银块时掉下的渣滓，平时所用的剪刀斧头是不会掉下银渣来的。

⑧ 钣锭：板状或块状的银锭。

"古文今解" 看译文

中国产银的情况大体上是：浙江和福建两地原有的银矿坑场，到了本朝（明朝）初期之时，有的仍然在开采中，但是有的已经关闭了。江西饶州、信州和瑞州三郡，有些银坑还从来没有开采过。湖广辰州出银，贵州出于铜仁，河南宜阳的赵保山、永宁的秋树坡、卢氏的高咀儿、嵩县的马槽山，四川的会川密勒山，以及甘肃省的大黄山等处，都有优良的产银矿场，其余的地方就难以一一列举了。然而，这些银矿一般而言都没有多少产量。因此每次开采时，如果采银的数量还达不到原定的最低限额，那么参加开采银矿的人就得摊派钱财用来赔偿。如果法制不严，就很容易出现偷窃争夺而造成祸乱的事件，所以禁戒律令又不得不十分严苛。河北和山东一带，由于天气寒冷，石层又薄，因而不出产金银。以上八省合起来的产银总量还比不上云南省的一半呢，所以开矿炼银，只有在云南一省可以常办不衰。

云南的银矿，以楚雄、永昌和大理三个地方储量最为丰富，曲靖、姚安次之，镇沅又次之。凡是石山洞里蕴藏有银矿的，在山上面就会出现一堆堆带有微褐色的小石头，分成若干个支脉。采矿的人要挖土一二十丈深才能找到矿脉，这种巨大的工程强度不是几天或者几个月所能完成的。找到了银矿苗以后，才能知道礁砂具体所在。礁砂埋藏得很深，而且像树枝那样有主干、枝干。采矿的工人跟踪着银矿苗分成几路横挖找矿，一边挖一边还要搭架横板用以支撑坑顶，以防塌方。采矿的工人提着灯笼分头挖掘，一直到取得矿砂为止。在土里的银矿苗，有的掺杂着一些黄色碎石，有的在泥隙石缝中出现有乱丝的形状，这都表明银矿就在附近了。

银矿石中，含银较多的成块矿石叫作礁，细碎的叫作砂，其表面分布成树枝状的叫作矿，外面包裹着的石块叫作"矿"，即围岩。围岩大的像斗，小的像拳头，都是可以抛弃的废物。礁砂形状像煤炭，底下垫着石头因而显得不那么黑。礁砂的品质分几个等级（矿场主挖到矿砂后，先要呈交官府验辨分级，然后再行定税）。刚出土的矿砂用斗量过之后，交给冶工去炼。矿砂品质高的每斗炼出纯银六七两，中等的矿砂炼出纯银三四两，最差的炼出的纯银只有一二两（那些特别光亮的礁砂，反倒由于里面的精华已经被泄漏得太多，最终得到的纯银反而偏少）。

礁砂在入炉之前，先要进行挑选、淘洗。炼银的炉子是用土筑成的，土墩高约五尺左右，炉子底下铺上瓷片和炭灰之类的东西，每个炉子可容纳礁砂二石。用栗木炭二百斤，在矿石周围叠架起来。靠近炉旁还要砌一道砖墙，高和宽各一丈多。风箱安装在墙背，由两三个人拉动鼓风。靠这一道砖墙来隔热，拉风箱的人才能有立身之地。等到炉里的炭烧完时，就用长铁叉陆续添加。如果火力够了，炉里的礁砂就会熔化成团，这时的银还混在铅里而没有被分离出来。共计礁砂两石可熔出团约一百斤。冷却后取出，放入另一个名叫分金炉或者虾蟆炉的炉子里，用松木炭围住熔团，透过一个小门辨别火色。用风箱鼓风，也可以用扇子来回扇。达到一定的温度时，熔团会重新熔化，铅就沉到炉底（炉底的铅已成为氧化铅，再放进别的炉子里熔炼，能得到扁担铅）。要不断用柳树枝从门缝中插进去燃烧，如果铅全部被氧化成氧化铅，就可以提炼出纯银来了。刚炼出来的银叫作生银。倒出来凝固以后的银如果表面没有丝纹，就要再熔炼一次，直到凝固的银锭中心出现一种云南人叫"茶经"的一点圆星。接着加入一点儿铜，再重新用铅来协助熔化，然后倒入槽里就会现出丝纹了（倒进槽里才能出现丝纹，是因为四周被围住，银气不会四处走散）。云南楚雄的银矿有些不一样，那里的矿砂含铅太少，还要向其他地方采购铅来辅助炼银。每炼礁砂一百斤，就得先在炉子里垫二百斤铅，然后才鼓风将矿砂冶炼成团。至于再转到虾蟆炉里使铅沉下分离出银的方法则是相同的。银的开采和熔炼用的就是这种方法，并没有其他方法。讲炼丹的方书和谈医药的《本草纲目》中，常常没有根据地乱想乱注，真是令人十分讨厌。

一般说金和银都是大地里面隐藏着的宝气精华，因此产金的地方三百里之内没有银矿，产银的地方三百里之内也没有金矿。大自然的安排设计，从这里也能看出个大概。有的干粗活儿的人把扫刷到的泥尘放进水里淘洗，然后再熬炼，这就叫作淘厘锱。操劳一天，少的只能得到三分银子，多的也只有六分银子。这些银屑都是平常从剪刀或者斧子口

镕礁结银与铅图

天工开物 这样读

上掉下来的，或者是由鞋底带到街道地面，或者是从院子房舍扫出来被抛弃在河边的。泥尘中必然会夹杂着一些银屑，这并不是浅的浮土上所能出产的。

世间使用的银，只有红铜和铅两种金属可掺混进去用来作假。但是把碎银铸成银锭的时候，就可以除去杂质提纯。方法是将杂银放在坩埚里，送进高炉里用猛火熔炼，撒上一些硝石，其中的铜和铅便全部结在埚底了，这就叫作银锈。那些敲落在灰池里的叫作炉底。将银锈和炉底一起放进分金炉里，用土甑子装满木炭起火熔炼，铅就会首先熔化，流向低处，剩下的铜和银可以用铁条分拨，两者就截然分开了。人工与天工的关系由此可见一斑。

铜

凡铜供世用，出山与出炉止有赤铜。以炉甘石或倭铅参和，转色为黄铜；以砒霜等药制炼为白铜；矾、硝等药制炼为青铜；广锡参和为响铜；倭铅和泻为铸铜。初质则一味红铜而已。

凡铜坑所在有之。《山海经》言出铜之山四百三十七，或有所考据也。今中国供用者，西自四川、贵州为最盛，东南间自海舶来[①]，湖广武昌、江西广信皆饶铜穴。其衡、瑞等郡，出最下品，曰蒙山铜者，或入冶铸混入，不堪升炼成坚质也。

凡出铜山夹土带石，穴凿数丈得之，仍有"矿"包其外。"矿"状如姜石而有铜星，亦名铜璞，煎炼仍有铜流出，不似银"矿"之为弃物。凡铜砂在"矿"内，形状不一，或大或小，或光或暗，或如鍮石[②]，或如姜铁。淘洗去土滓，然后入炉煎炼，其熏蒸旁溢者，为自然铜，亦曰石髓铅。

凡铜质有数种。有全体皆铜，不夹铅、银者，洪炉单炼而成。有与铅同体者，其煎炼炉法，傍通高低二孔，铅质先化从上孔流出，铜质后化从下孔流出。东夷铜又有托体银矿内者，入炉煎炼时，银结于面，铜沉于下。商舶漂入中国，名曰日本铜，其形为方长板条。漳郡人得之，有以炉再炼取出零银，然后泻成薄饼，如川铜一样货卖者。

凡红铜升黄色为锤锻用者，用自风煤炭（此煤碎如粉，泥糊作饼，不用鼓风，通红则自昼达夜。江西则产袁郡及新喻邑）百斤，灼于炉内，以泥瓦罐载铜十斤，继入炉甘石六斤，坐于炉内，自然熔化。后人因炉甘石烟洪飞损，改用倭铅。每红铜六斤，入倭铅四斤，先后入罐熔化。冷定取出，即成黄铜，惟人打造。

凡用铜造响器，用出山广锡无铅气者入内。钲（今名锣）、镯（今名铜鼓）之类，皆红铜八斤，入广锡二斤；铙、钹，铜与锡更加精炼。凡铸器，低者红铜、倭铅均平分两，甚至铅六铜四。高者名三火黄铜、四火熟铜，则铜七而铅三也。

凡造低伪银者，惟本色红铜可入。一受倭铅、砒、矾等气，则永不和合。然铜入银内，使白质顿成红色，洪炉再鼓，则清浊浮沉立分，至于净尽云。

"字斟句酌" 查注释

① 舶来：用船运来。
② 鍮（tōu）石：天然黄铜。

"古文今解" 看译文

世间用的铜，开采后经过熔炼得来的只有红铜一种。但是如果加入炉甘石或锌共同熔炼，就会转变成黄铜；如果加入砒霜等药物，可以炼

成白铜；加入明矾和硝石等药物可炼成青铜；加入锡的得响铜；加入锌的得铸铜。然而最基本的原料不过是红铜一种而已。

铜坑到处都有。《山海经》一书中提到全国产铜之山共有四百三十七处，这或许是有根据的。今天中国供人使用的铜，要算西部的四川、贵州两地出产为最多，东南多是从国外由海上运来的，湖广武昌以及江西广信，都有丰富的铜矿。从衡州、瑞州等地出产的蒙山铜，品质低劣，仅可以在铸造时掺入，不能熔炼成坚实的铜块。

产铜的山总是夹土带石的，要挖几丈深才能得到，取得的矿石仍然有围岩包在外层。围岩的形状好像姜石那样，表面呈现一些铜的斑点，这又叫作铜璞。把它拿到炉里去冶炼，仍然会有一些铜流出来，不像银矿石那样完全是废物。铜砂在矿里的形状不一样，有的大，有的小，有的亮，有的暗，有的像黄铜矿石，有的则像姜铁。把铜砂夹杂着的土滓洗去，然后入炉熔炼，经过熔化后从炉里流出来的，就是自然铜，也叫石髓铅。

铜矿石有几个品种。其中有全部是铜而不夹杂铅和银的，只要入炉一炼就成。有的却和铅混杂在一起，这种铜矿的冶炼方法是在炉旁留高低两个孔，先熔化的铅从上孔流出，后熔化的铜则从下孔流出。日本等处的铜矿，也有与银矿在一块儿的，当放进炉里去熔炼时，银会浮在上层，而铜沉在下面。由商船运进中国的铜，叫作日本铜，它是铸成长方形的板条状的。福建漳州人得到后，把这种铜入炉再炼，取出其中零星的银，然后铸成薄饼模样，像四川的铜那样出售。

由红铜炼成可以锤锻的黄铜，要用一百斤自风煤（这种煤细碎如粉，和泥做成饼来烧，不需要鼓风，从早到晚炉火通红。产于江西袁州府、新喻县）放入炉里烧，在一个泥瓦罐里装铜十斤、炉甘石六斤，放入炉内，让它自然熔化。后来人们因为炉甘石挥发得太厉害，损耗很大，就改用锌。每次红铜六斤，配锌四斤，先后放入罐里熔化。冷却后取出即是黄铜，供人们打造各种器物。

制造乐器用的响铜，要把不含铅的两广产的锡放进罐里与铜同熔。制造钲（今名为锣）、镯（今名为铜鼓）一类乐器，一般用红铜八斤，掺入广锡二斤；锤制铙、钹所用铜、锡还须进一步精炼。一般质量差的铜器，含红铜和锌各一半，甚至锌占六成而铜占四成。好的铜器则要用经过三次或四次熔炼的所谓三火黄铜或四火熟铜来制成，其中含铜七成、铅三成。

那些制造假银的，只有纯铜能混入。如果掺杂有锌、砒、矾等物质，永远都不能互相结合。然而铜混进银里，使白色立刻变成红色，再入炉鼓风熔炼，等它全部熔化后，此时哪个清、哪个浊、哪个浮、哪个沉，就能辨识得清清楚楚，银和铜便分离得彻彻底底了。

铁

凡铁场①，所在有之，其质浅浮土面，不生深穴。繁生平阳岗埠②，不生峻岭高山。质有土锭、碎砂数种。凡土锭铁，土面浮出黑块，形似秤锤。遥望宛然如铁，拈之则碎土。若起冶煎炼，浮者拾之，又乘雨湿之后牛耕起土，拾其数寸土内者。耕垦之后，其块逐日生长，愈用不穷。西北甘肃、东南泉郡，皆锭铁之薮也。燕京、遵化与山西平阳，则皆砂铁之薮也。凡砂铁一抛土膜即现其形，取来淘洗，入炉煎炼。熔化之后，与锭铁无二也。

凡铁分生、熟，出炉未炒则生，既炒则熟。生熟相和，炼成则钢。凡铁炉，用盐做造，和泥砌成。其炉多傍山穴为之，或用巨木匡围。塑造盐泥，穷月之力，不容造次③。盐泥有罅，尽弃全功。凡铁一炉载土二千余斤，或用硬木柴，或用煤炭，或用木炭，南北各从利便。扇炉风箱必用四人、六人带拽。土化成铁之后，从炉腰孔流出。炉孔先用泥塞。每旦昼六时，一时出铁一陀。既出即又泥塞，鼓风再熔。

凡造生铁为冶铸用者，就此流成长条、圆块，范内取用。若造熟铁，则生铁流出时，相连数尺内、低下数寸筑一方塘，短墙抵之。其铁流入塘内，数人执持柳木棍排立墙上。先以污潮泥晒干，春筛细罗如面，一人疾手撒捘④，众人柳棍疾搅，即时炒成熟铁。其柳棍每炒一次烧折二三寸，再用则又更之。炒过稍冷之时，或有就塘内斩划成方块者，或有提出挥椎打圆后货者。若浏阳诸冶，不知出此也。

凡钢铁炼法，用熟铁打成薄片，如指头阔，长寸半许，以铁片束包尖紧，生铁安置其上（广南生铁名堕子生钢者，妙甚），又用破草履盖其上（粘带泥土者，故不速化），泥涂其底下。洪炉鼓韝，火力到时，生铁先化，渗淋熟铁之中，两情投合。取出加锤。再炼再锤，不一而足。俗名团钢，亦曰灌钢者是也。

其倭夷刀剑，有百炼精纯、置日光檐下则满室辉曜者，不用生熟相和炼，又名此钢为下乘云。夷人又有以地溲（地溲乃石脑油之类，不产中国）淬刀剑者，云钢可切玉，亦未之见也。凡铁内有硬处不可打者名铁核，以香油涂之即散。凡产铁之阴，其阳出慈石⑤，第有数处，不尽然也。

全国各地都有铁矿，而且都是浅藏在地面而不深埋在洞穴里。出产得最多的，是在平原和丘陵地带，而不在高山峻岭上。铁矿石有土块状的"土锭铁"和碎砂状的"砂铁"等好几种。土锭铁矿石呈黑色，露出在泥土上面，形状好像秤锤。从远处看上去就像一块铁，用手一捏却成了碎土。如果要进行冶炼，就可以把浮在土面上的这些铁矿石拾起来，还可以在下雨地湿时，用牛犁耕浅土，把那些埋在泥土里几寸深的铁矿石都捡起来。犁耕过之后，铁矿石还会逐渐生长，用个不完。我国西北的甘肃和东南的福建泉州都盛产这种土锭铁。而燕京、遵化和山西平阳都是盛产砂铁的主要地区。至于砂铁，一挖开表土层就可以找到，把它取出来后淘洗，再入炉冶炼。这样熔炼出来的铁跟来自土锭铁的完全是一种品质。

铁分为生铁和熟铁两种，其中已经出炉但是还没有炒过的是生铁，炒过以后便成了熟铁。把生铁和熟铁混合熔炼就变成了钢。炼铁炉是用掺盐的泥土砌成的，这种炉大多是依傍着山洞而砌成的，也有些是用大根木头围成框。用盐泥塑造出这样一个炉子，非得要花个把月时间不可，不能轻率贪快。盐泥一旦出现裂缝，那就会前功尽弃了。一座炼铁炉可以装铁矿石两千多斤，燃料有的用硬木柴，有的用煤或者用木炭，南方北方可根据方便就地取料。鼓风的风箱要由四个人或者六个人一起推拉。铁矿石化成了铁水之后，就会从炼铁炉腰孔中流出来，这个孔要事先用泥塞住。白天六个时辰（十二个小时）当中，每个时辰（两个小时）就能炼出一陀铁来。出铁之后，立即用叉拨泥把孔塞住，然后再鼓风熔炼。

如果是造供铸造用的生铁，就让铁水注入条形或者圆形的铸模里。如果是造熟铁，便在离炉子几尺远而又低几寸的地方筑一口方塘，四周砌上矮墙。让铁水流入塘内，几个人拿着柳木棍，站在矮墙上。事先将污潮泥晒干，舂成粉，再筛成像面粉一样的细末。一个人迅速把泥粉均匀地撒播在铁水上面，另外几个人就用柳棍猛烈搅拌，这样很快就炒成熟铁了。柳木棍每炒一次便会燃掉二三寸，再炒时就得更换一根新的。炒过以后，稍微冷却时，有的人就在塘里划成方块，有的人则拿出来锤打成圆块出售。但是湖南浏阳那些冶铁场却并不懂得这种技术。

炼钢的方法是先将熟铁打成约有寸半长像指头一般宽的薄片，然后把薄片包扎紧，将生铁放在扎紧的熟铁片上面（广南有一种叫作堕子生钢的生铁最适宜），再盖上破草鞋（要沾有泥土的，才不会被立即烧毁），在熟铁片底下还要涂上泥浆。投进洪炉鼓风熔炼，达到一定的温度时，生铁会先熔化而渗到熟铁里，两者相互融合。取出来后进行敲打，再熔炼再敲打，如此反复进行多次。这样锤炼出来的钢，俗名叫作团钢，也叫作灌钢。

日本出的一种刀剑，用的是经过百炼的精纯的好钢，白天放在日光下，整个屋子都非常明亮。这种钢不是用生铁和熟铁炼成的，有人把它称为下品。外国人又有用地溲（即石脑油之类的东西，我国中原地区不出产）来淬刀剑的，据说这种钢刀能切玉，但也未曾见过。打铁时铁里偶尔会出现一种非常坚硬的、打不散的硬块，这东西叫作铁核。如果涂上香油再次敲打，铁核就会消散了。凡是在山的北坡有铁矿的，山的南坡就会有磁石，好几个地方都有这种现象，但并不是全都如此。

锡

"抑扬顿挫" 读原文

凡锡中国偏出西南郡邑，东北寡生。古书名锡为"贺"者，以临贺郡产锡最盛而得名也。今衣被天下①者，独广西南丹、河池二州居其十八，衡、永则次之。大理、楚雄即产锡甚盛，道远难致也。

凡锡有山锡、水锡两种。山锡中又有锡瓜、锡砂两种。锡瓜块大如小瓠，锡砂如豆粒，皆穴土不甚深而得之。间或土中生脉充牣，致山土自颓，恣人拾取者。水锡，衡、永出溪中，广西则出南丹州河内，其质黑色，粉碎如重罗面。南丹河出者，居民旬前从南淘至北，旬后又从北淘至南。愈经淘取，其砂日长，百年不竭。但一日功劳，淘取煎炼，不过一斤。会计炉炭资本，所获不多也。南丹山锡出山之阴，其方无水淘洗，则接连百竹为枧，从山阳枧水淘洗土滓，然后入炉。

凡炼煎亦用洪炉。入砂数百斤，丛架木炭亦数百斤，鼓鞴熔化。火力已到，砂不即熔，用铅少许勾引，方始沛然流注。或有用人家炒锡剩灰勾引者。其炉底炭末、瓷灰铺作平池，傍安铁管小槽道，熔时流出炉外低池。其质初出洁白，然过刚，承锤即坼裂。入铅制柔，方充造器用。售者杂铅太多，欲取净则熔化，入醋淬八九度，铅尽化灰而去。出锡惟此道。方书云马齿苋取草锡者，妄言也。谓砒为锡苗者，亦妄言也。

"字斟句酌"查注释

① 衣被天下：广布于天下。

"古文今解"看译文

中国的锡主要分布在西南地区，东北地区很少。古书中称锡为"贺"，是因为临贺县一带产锡最多而得名。今天供应全国的锡，仅广西的南丹、河池二州就占了八成，衡州、永州次之。云南的大理、楚雄虽然产锡很多，但路途遥远，难以供应内地。

锡矿分为山锡和水锡两种。山锡又分锡瓜和锡砂两种。锡瓜块大得好像个小葫芦，锡砂则像豆粒，都能在不很深的地层里找到。偶尔还会有这样的情况，原生矿床所含

的矿脉露出地表后受到风化和崩解，而形成呈条带状分布的次生矿，可任凭人们拾取。水锡，产于衡州和永州两地的小溪里，广西则产于南丹河里。水锡是黑色的，细碎得好像是筛过了的面粉。南丹河出产水锡，居民十天前从南淘到北，十天后再从北淘到南。越是淘取，这些矿砂越是不断生长，千百年都取之不尽。但是，劳累一天，淘取和熔炼后也就不过只得一斤左右锡，计算所耗费的炉炭成本，获利实在是不多。南丹的山锡产于山的北坡，那里缺水淘洗，因此就用许多根竹管接起来当导

水槽，从山的南坡引水过来洗矿，把泥沙除掉，然后入炉。

熔炼时也要用洪炉，每炉入锡砂数百斤，添加的木炭也要数百斤，一起鼓风熔炼。当火力足够时，锡砂还不一定能马上熔化，这时要掺少量的铅去勾引，锡才会大量熔流出来。也有采用别人的炼锡炉渣去勾引的。洪炉炉底用炭末和瓷灰铺成平池，炉旁安装一条铁管小槽，炼出的锡水引流入炉外低池内。锡出炉时洁白，可是太过硬脆，一经敲打就会碎裂，要加铅使锡质变软，才能用来制造各种器具。市面上卖的锡掺铅太多，如果需要提纯，就应该在把它熔化后与醋酸反复接触八九次，其中所含的铅便会形成渣灰而被除去。生产纯锡只有这么一种方法。有的医药书说什么从马齿苋中提取草锡，这是胡说。所谓发现了砒就一定有锡矿的苗头的说法，也是信口胡言。

佳兵

JIABING

本章的内容是各种兵器的制造。"佳兵"一词出自王弼本《老子》第三十一章:"夫佳兵者,不祥之器。"后来有人认为"佳兵"的意思是好兵器。本章讲述了明代弓箭、火药、火器等武器的性能和造法,有一定的参考价值。

宋应星是一位心怀天下的人,他在《野议》一书中表达了自己的政治理想。他主张减免对人民的苛捐杂税,呼吁罢除贪官污吏,代之以廉洁奉公、一心为国的清官。使工农能获温饱,商人能有利可图,贫士有获得科举入仕的机会,各阶层的人都能各安其业。然后全面发展农业、工业和商业,养兵练武,则国运也许会有救。书中有许多进步思想:譬如,认为社会财富是劳动创造的,要想增加社会财富,就要大力发展农业和工业,提供丰富的劳动产品。宋应星的这种财富观为经济学原理的提出做出了贡献。

宋子曰：兵非圣人之得已也。虞舜在位五十载，而有苗犹弗率[1]。明王圣帝，谁能去兵哉？"弧矢之利，以威天下"[2]，其来尚矣。为老氏者，有葛天之思[3]焉。其词有曰"佳兵者，不祥之器[4]"，盖言慎[5]也。

火药机械之窍，其先凿自西番与南裔[6]，而后乃及于中国。变幻百出，日盛月新。中国至今日，则即戎[7]者以为第一义，岂其然哉！虽然，生人纵有巧思，乌[8]能至此极也？

① 而有苗犹弗率：有苗，虞舜时南方部族。弗率，不肯接受统治。

② 弧矢之利，以威天下：语出《易·系辞下》。弧矢，即弓箭。

③ 葛天之思：向往葛天氏的时代。葛天氏，古人想象中的远古帝王之号。《吕氏春秋·古乐》："昔葛天氏之乐，三人操牛尾，投足以歌八阕。"

④ 佳兵者，不祥之器：见于《老子》。

⑤ 慎：不轻易用兵。

⑥ 其先凿自西番与南裔：西番指西洋各国，南裔指南洋各国。按：火药武器最早见于中国的北宋，并不是由西洋或南洋人发明后中国才有的。

⑦ 即戎：从事战争。

⑧ 乌：怎么。

宋先生说：用兵是圣人不得已才做的事情。舜帝在位长达五十余年，可苗部族仍然没有归附。即使是贤明的帝王，谁能够放弃战争和取消兵器呢？"武器的功用，就在于威慑天下"，这种说法由来已久了。老子怀有葛天氏"无为而治"的理想，他的书中有句话"兵器这玩意儿，是不吉祥的东西"，那只是警告人们用兵要慎重罢了。

制造新式枪炮的技巧，是西洋人较早使用后来经由西域和南方的边远地区传到中国来的。紧接着它很快就变化百出，日新月异。时至今日，中国有些带兵的人已把发展兵器放到了第一位，这种想法可能是对的吧？不然的话，人类即便有着巧妙的构思，如果不重视武器的发展怎能达到这种完善的地步呢？

弧矢

凡造弓，以竹与牛角为正中干质①（东北夷无竹，以柔木为之），桑枝木为两弰②。弛则竹为内体，角护其外；张则角向内而竹居外。竹一条而角两接③。桑弰则其末刻锲④以受弦⑤弰。其本则贯插接榫于竹丫⑥，而光削一面以贴角。

凡造弓，先削竹一片（竹宜秋冬伐，春夏则朽蛀），中腰微亚小，两头差大，约长二尺许。一面粘胶靠角，一面铺置牛筋与胶而固之。牛角当中牙接⑦（北虏无修长牛角，则以羊角四接而束之。广弓则黄牛明角亦用，不独水牛也），固以筋胶。胶外固以桦皮，名曰暖靶。凡桦木，关外产辽阳，北土繁生遵化，西陲繁生临洮郡，闽、广、浙亦皆有之。其皮护物，手握如软绵，故弓靶所必用。即刀柄与枪干亦需用之。其最薄者则为刀剑鞘室⑧也。

凡牛脊梁每只生筋一方条，约重三十两。杀取晒干，复浸水中，析破如苎麻丝。胡虏无蚕丝，弓弦处皆纠合此物为之。中华则以之铺护弓干，与为棉花弹弓弦也。凡胶，乃鱼脬、杂肠所为，煎治多属宁国郡⑨。其东海石首鱼，浙中以造白鲞者，取其脬为胶，坚固过于金铁。北虏取海鱼脬煎成，坚固与中华无异，种性则别也。天生数物，缺一而良弓不成，非偶然也。

凡造弓，初成坯后，安置室中梁阁上，地面勿离火意⑩。促者旬日，多者两月，透干其津液，然后取下磨光，重加筋、胶与漆，则其弓良甚。货弓之家，不能俟日足者，则他日解释之患因之。

凡弓弦，取食柘叶蚕茧，其丝更坚韧。每条用丝线二十余根作骨，然后用线横缠紧约⑪。缠丝分三停，隔七寸许则空一二分不缠，故弦不张弓时，可折叠三曲而收之。往者北虏弓弦，尽以牛筋为质，故夏月雨雾，妨其解脱，不相侵犯。今则丝弦亦广有之。涂弦或用黄蜡，或不用亦无害也。凡弓两硝系驱处，或切最厚牛皮，或削柔木如小棋子，钉粘角端，名曰垫弦，义同琴轸⑫。放弦归返时，雄力向内，得此而抗止，不然则受损也。

凡造弓，视人力强弱为轻重：上力挽一百二十斤，过此则为虎力，亦不数出；中力减十之二三；下力及其半。彀满⑬之时，皆能中的。但战阵之上，洞胸彻札⑭，功必归于挽强者。而下力倘能穿杨贯虱⑮，则以巧胜也。凡试弓力，以足踏弦就地，称钩搭挂弓腰，弦满之时，推移秤锤所压，则知多少。其初造料分两，则上力挽强者，角与竹片削就时，约重七两；筋与胶、漆与缠约丝绳，约重八钱，此其大略。中力减十之一二，下力减十之二三也。

凡成弓，藏时最嫌霉湿（霉气先南后北，岭南谷雨时，江南小满，江北六月，燕、齐七月。然淮、扬霉气独盛）。将士家或置烘厨烘箱，日以炭火置其下（春秋雾雨皆然，不但霉气）。小卒无烘厨，则安顿灶突之上。稍怠不勤，立受朽解之患也。（近岁命南方诸省造弓解北⑯，纷纷驳回，不知离火即坏之故，亦无人陈说本章者）

凡箭笴⑰，中国南方竹质，北方萑柳质，北虏桦质，随方不一。竿长二尺，镞长一寸，其大端也。凡竹箭削竹四条或三条，以胶粘合，过刀光削而圆成之。漆、丝缠约两头，名曰"三不齐"箭杆。浙与广南有生成箭竹不破合者。柳与桦杆，则取彼圆直枝条而为之，微费刮削而成

也。凡竹箭其体自直，不用矫揉。木杆则燥时必曲，削造时以数寸之木，刻槽一条，名曰箭端。将木杆逐寸戛拖而过，其身乃直。即首尾轻重，亦由过端而均停也。

凡箭，其本刻衔口以驾弦[18]，其末受镞。凡镞，冶铁为之（《禹贡》砮石乃方物，不适用）北虏制如桃叶枪尖，广南黎人矢镞如平面铁铲，中国则三棱锥象也。响箭则以寸木空中锥眼为窍，矢过招风而飞鸣，即《庄子》所谓"嚆矢"也。

凡箭行端斜与疾慢，窍妙皆系本端翎羽之上。箭本近衔处剪翎直贴三条，其长三寸，鼎足安顿，粘以胶，名曰箭羽（此胶亦忌霉湿，故将卒勤者，箭亦时以火烘）。羽以雕膀为上（雕似鹰而大，尾长翅短），角鹰次之，鸱鹞又次之。南方造箭者，雕无望焉，即鹰鹞亦难得之货，急用塞数，即以雁翎，甚至鹅翎亦为之矣。凡雕翎箭行疾过鹰、鹞翎十余步，而端正能抗风吹。北虏羽箭多出此料。鹰、鹞翎作法精工，亦恍惚焉。若鹅、雁之质，则释放之时，手不应心，而遇风斜窜者多矣。南箭不及北，由此分也。

"字斟句酌" 查注释

① 正中干质：此指弓背中间的主干部分。质：材料。

② 弰：弓的末梢。

③ 角两接：所用牛角为两截相接。

④ 刻锲：用刀刻出一个缺口。

⑤ 弦：弓弦套在弓背两端的索套。

⑥ 其本则贯插接榫（sǔn）于竹丫：桑弰之根部用榫子与竹片的丫口相衔插。

⑦ 牙接：以牙榫相接。

⑧ 鞘室：刀剑之鞘及匣。

⑨ 宁国郡：在今安徽宣城。

⑩ 地面勿离火意：室内不要间断用火。

⑪ 紧约：紧紧地束缚住。

⑫琴轸：古琴上调弦的转轴。

⑬彀（gòu）满：把弓拉满。

⑭洞胸彻札：射穿胸膛，射透木板。

⑮穿杨贯虱：比喻神射，可以百步之外射穿柳叶，射穿虱子之心。贯虱，典出《列子·汤问》纪昌学射的故事。

⑯解北：解运至北方。

⑰箭筈：即箭杆。

⑱驾弦：扣在弓弦上。

"古文今解"看译文

造弓，要用竹片和牛角做弓背正中的骨干（东北少数民族地区没有竹，就用柔韧的木料），两头接上桑木。弓在松弛时，竹在弓弧的内侧，角在弓弧的外侧起保护作用；张弓时角在弓弧的内侧，竹在弓弧的外侧。弓的本体是用一整条竹片，牛角则由两段相接组成。弓两头的桑木末端都刻有缺口，使弓弦能够套紧。桑弰之根部用榫子与竹片的丫口相衔插，并削光一面贴上牛角。

动手造弓时，先削竹片一根（秋冬季节砍伐的竹子较好，因为春夏砍的容易蛀朽），竹片中腰略小，两头稍大一些，长约两尺左右。一面用胶粘贴上牛角，一面用胶粘铺上牛筋，加固弓身。两段牛角之间互相咬合（北方少数民族没有长的牛角，就用羊角分四段相接扎紧。广东一带的弓，不单用水牛角，有时也用半透明的黄牛角），用牛筋和胶液固定。外面再粘上桦树皮加固，这就叫作"暖靶"。桦树，东北地区产在辽阳，华北地区以河北遵化为最多，西北地区以甘肃临洮为最多，福建、广东和浙江等地也有出产。用桦树皮作为保护层，手握起来感到柔软，所以造弓把一定要用它。即使是刀柄和枪身也要用到它。最薄的就可用来做刀剑的套子。

每头牛的脊骨里都只有一条细长的筋，重约三十两。宰杀牛以后取出来晒干，再用水浸泡，然后将它撕成苎麻丝那样的纤维。北方少数民族没有蚕丝，弓弦都是用这种牛筋缠合的。中原地区则用它铺护弓的主干，或者用它来作为弹棉花的弓弦。胶是从鱼鳔、杂肠中熬取的，多数在宁国县熬炼。东海的石首鱼，浙江人常把它晒成美味的鱼干，用它的鳔熬成的胶比铜铁还要坚固。北方少数民族用海鱼的鳔熬成的胶，同中原的一样坚固，只是种类不同而已。这几种天然产物，缺少一种就造不成良弓，看来这并不是偶然的。

弓坯子刚刚做成之后，要放在屋梁高处，地面不断地生火烘烤。短则十来天，长则两个月，等到胶液干透后，就拿下来磨光，再一次添加牛筋、涂胶和漆，这样做出来的弓质量就很好了。有的卖弓人不到足够的烘烤时间就把弓卖出，则必种下日后弓松解的病因。

弓弦用吃柘叶的蚕结出的蚕丝做成，这种丝更加坚韧。每条弦用二十多根丝线为骨，然后用丝线横向缠紧。缠丝的时候分成三段，每缠七寸左右就留空一两分不缠。这样，在弦不上弓时就可以折成三节收起。过去北方少数民族都用牛筋为弓弦，每逢夏天雨季就怕它吸潮解脱而不敢贸然出兵进犯。现在到处都有丝弦了，有的人用黄蜡涂弦防潮，不用也不要紧。弓两端系弦的部位，要用最厚的牛皮或软木做成像小棋子那样的垫子，用胶粘紧钉在牛角末端，这叫作垫弦，作用跟琴轸差不多。放箭时弓弦的回弹力很大，有了垫弦就能抵消它，否则会损伤弓弦。

造弓还要按人的挽力大小来分轻重：上等力气的人能挽一百二十斤，超过这个数目的叫作虎力，但这样的人很少见。中等力气的人能挽八九十斤，下等力气的人只能挽六十斤左右。这些弓箭在拉满弦时都可以射中目标。但在战场上能射穿敌人的胸膛或铠甲的，当然是力气大的射手；力气小的人如果有能射穿杨树叶或射中虱子的本事，那也可以巧取胜。测定弓力的方法是：用脚踩弓弦，将秤钩钩住弓的中点往上拉，弦满之时，推移秤锤称平，就可知道弓力大小。做弓料的分量是，上等力气的人所用的弓，角和竹片削好后约重七两，筋、胶、漆和缠丝约重八钱，这是大概的数字。中等力气的相应减少十分之一或五分之一，下等力气的减少五分之一或十分之三。

造好的弓在收藏时最怕潮湿（阴雨天气先南后北，开始的时间为：岭南是谷雨，江南是小满，江北是六月，河北、山东一带是七月。而以淮河和扬州地区的阴雨天气为最多）。军官家里常设置有烘厨或烘箱，每天都用炭火放在下面烘（不仅是阴雨天，春秋下雨或多雾的天气也都这样做）。士兵没有烘厨或烘箱，就把弓放在灶头烟道的凸起上。稍微照管不周到，弓就会朽坏解脱。（近年来朝廷命令南方各省造弓解送北方，纷纷被退回，就是因为他们不知道弓如果离火就坏的道理，也没有人就此事上奏朝廷陈述个中原因）

箭杆的用料各地不尽相同，我国南方用竹，北方使用萑柳，北方少数民族则用桦木。箭杆长二尺，箭头长一寸，这是一般的规格。做竹箭时，削竹三四条并用胶黏合，再用刀削圆刮光。然后再用漆丝缠紧两头，这叫作"三不齐"箭杆。浙江和广南有天然的箭竹，不用破开黏合。柳木或桦木做的箭杆，只要选取圆直的枝条稍加削刮就可以了。竹箭杆本身很直，不必矫正。木箭杆干燥后势必变弯，矫正的办法是用一块几寸长的木头，上面刻一条槽，名叫箭端。将木杆嵌在槽里逐寸刮拉而过，杆身就会变直。即使原来杆身头尾重量不均匀的也能得到矫正。

箭杆的末端刻有一个小凹口，叫作"衔口"，以便扣在弦上，另一端安装箭头。箭头

是用铁铸成的（《尚书·禹贡》记载的那种石制箭头，是用一种土办法做的，并不适用），至于箭头的形状，北方少数民族做的像桃叶枪尖，广南黎族人做的像平头铁铲，中原地区做的则是三棱锥形。响箭之所以能迎风飞鸣，巧妙就在于小小的箭杆上锥有孔眼，这就是《庄子》说的"嚆矢"。

箭射出后飞行得是正还是偏，快还是慢，关键在于箭杆末端的箭羽上。在箭杆末端近衔口的地方，用胶粘上三条三寸长的三足鼎立形的翎羽，名叫箭羽（此处的胶也怕潮湿，因此勤劳的将士经常用火来烘烤箭）。所用的羽毛，以雕的翅毛为最好（雕像鹰而比鹰大，尾长而翅膀短），角鹰的翎羽居其次，鹞鹰的翎羽更次。南方造箭的人，固然没希望得到雕翎，就是鹰翎也很难得到，急用时就只好用雁翎，甚至用鹅翎来充数。雕翎箭飞得比鹰、鹞翎箭快十多步而且端正，还能抗风吹。北方少数民族的箭羽多数都用雕翎。角鹰或鹞鹰翎箭如果精工制作，效用也跟雕翎箭差不多。可是，鹅翎箭和雁翎箭射出时却手不应心，往往一遇到风就歪到一边去了。南方的箭比不上北方的箭，原因就在这里。

弩

"抑扬顿挫" 读原文

凡弩为守营兵器，不利行阵。直者名身，衡者名翼，弩牙发弦者[1]名机。斫木为身，约长二尺许，身之首横拴度翼。其空缺度翼处，去面刻定一分（稍厚则弦发不应节），去背则不论分数。面上微刻直槽一条以盛箭。其翼以柔木一条为者，名扁担弩，力最雄。或一木之下加以竹片叠承（其竹一片短一片），名三撑弩，或五撑、七撑而止。身下截刻锲衔弦，其衔傍活钉牙机，上剔发弦。上弦之时，惟力是视。一人以脚踏强弩而弦者，《汉书》名曰蹶张材官②。弦送矢行，其疾无与比数。

凡弩弦以苎麻为质，缠绕以鹅翎，涂以黄蜡。其弦上翼则紧，放下仍松，故鹅翎可扱首尾于绳内。弩箭羽以箬叶为之。析破箭本，衔于其中而缠约之。其射猛兽药箭，则用草乌一味，熬成浓胶，蘸染矢刃。见血一缕，则命即绝，人畜同之。凡弓箭强者，行二百余步；弩箭最强者，五十步而止，即过咫尺，不能穿鲁缟③矣。然其行疾则十倍于弓，而入物之深亦倍之。

国朝军器④造神臂弩、克敌弩，皆并发二矢、三矢者。又有诸葛弩，其上刻直槽，相承函十矢，其翼取最柔木为之。另安机木，随手扳弦而上，发去一矢，槽中又落下一矢，则又扳木上弦而发。机巧虽工，然其力绵甚，所及二十余步而已。此民家妨窃具，非军国器。其山人射猛兽者名曰窝弩，安顿交迹之衢，机傍引线，俟兽过带发而射之。一发所获，一兽而已。

① 弩牙发弦者：弩上有突牙，用以扣弦以发弩箭。

②《汉书》名曰蹶张材官："蹶张材官"，又作"材官蹶张"。材官，应即兵士中较强壮者。脚蹋强弩张之，故曰蹶张。《汉书·申屠嘉传》：申屠嘉，梁人也。以材官蹶张从高帝击项籍，迁为队率。

③ 不能穿鲁缟：《史记·韩长孺传》中"强弩之极，矢不能穿鲁缟"。鲁缟，缟中尤薄者。

④ 军器：疑指军器局。明置兵仗、军器二局，分造火器及刀牌、弓箭、枪弩等各种武器。

弩是镇守营地的重要兵器，不适用于冲锋陷阵。其中直的部分叫身，横的部分叫翼，扣弦发箭的开关叫机。砍木做弩身，长约二尺。弩身的前端横拴弩翼，拴翼的孔离弩面划定一分厚（稍微厚了一些，弦和箭就配合不精准），与弩底的距离则不必计较。弩面上还要刻上一条直槽用以盛放箭。有的弩翼只用一根柔木做成，叫作扁担弩，这种弩的射杀力最强。如果弩翼是在一根柔木下面再用竹片（竹片依次缩短）叠撑的就相应叫作三撑弩、五撑弩或七撑弩。弩身后端刻一个缺口扣弦，旁边钉上活动扳机，将活动扳机上推即可发箭。上弦时全靠人的体力。由一个人脚踏强弩上弦的，《汉书》称为"蹶张材官"。弩弦把箭射出，快速无比。

弩弦用苎麻绳为骨，还要缠上鹅翎，涂上黄蜡。弩弦装上弩翼时虽然拉得很紧，但放下来时仍然是松的，所以鹅翎的头尾都可以夹入麻绳内。弩箭的箭羽是用箬竹叶制成的。把箭尾破开一点儿，然后把箬竹叶夹进去并将它缠紧。射杀猛兽用的药箭，则是用草乌熬成浓胶蘸涂在箭头上，这种箭一见血就能使人畜丧命。强弓可以射出二百多步远，而强弩只能射五十步远，再远一点就连薄绢也射不穿了。然而，弩比弓要快

十倍，穿透物体的深度也要深一倍。

本朝作为军器的弩有神臂弩和克敌弩，都是能同时发出两三支箭的。还有一种诸葛弩，弩上刻有直槽可装箭十支，弩翼用最柔韧的木制成。另外还安有木制弩机，随手扳机就可以上弦，发出一箭，槽中又落下一箭，又可以再拉扳机上弦发一箭。这种弩机结构精巧，但射杀力弱，射程只有二十来步远。这是民间用来防盗用的，而不是军队所用的兵器。山区的居民用来射杀猛兽的弩叫作"窝弩"，装在野兽出没的地方，拉上引线，野兽走过时一触动引线，箭就会自动射出。每发一箭，所得的收获只是一只野兽罢了。

火器

"抑扬顿挫" 读原文

西洋炮。熟铜铸就，圆形，若铜鼓。引放时，半里之内，人马受惊死。（平地熰引炮有关捩，前行遇坎方止。点引之人反走坠入深坑内，炮声在高头，放者方不丧命）

红夷炮。铸铁为之，身长丈许，用以守城。中藏铁弹并火药数斗，飞激二里，膺其锋者为齑粉。凡炮熰引内灼时，先往后坐千钧力，其位须墙抵住，墙崩者其常。

大将军、二将军（即红夷之次，在中国为巨物）。

佛郎机（水战舟头用）。

三眼铳。百子连珠炮。

地雷。埋伏土中，竹管通引，冲土起击，其身从其炸裂。所谓横击，用黄多者（引线用矾油，炮口覆以盆）。

混江龙。漆固皮囊裹炮沉于水底，岸上带索引机。囊中悬吊火石、

火镰，索机一动，其中自发。敌舟行过，遇之则败。然此终痴物也。

鸟铳。凡鸟铳长约三尺，铁管载药，嵌盛木棍之中，以便手握。凡锤鸟铳，先以铁挺①一条大如箸者为冷骨，裹红铁锤成。先为三接，接口炽红，竭力撞合。合后以四棱钢锥如箸大者，透转其中，使极光净，则发药无阻滞。其本近身处，管亦大于末，所以容受火药。每铳约载配硝一钱二分，铅铁弹子二钱。发药不用信引（岭南制度，有用引者），孔口通内处露硝分厘，捶熟苎麻点火。左手握铳对敌，右手发铁机逼苎火于硝上，则一发而去。鸟雀遇于三十步内者，羽肉皆粉碎，五十步外方有完形，若百步则铳力竭矣。鸟枪行远过二百步，制方仿佛鸟铳，而身长药多，亦皆倍此也。

万人敌。凡外郡小邑乘城却敌，有炮力不具者，即有空悬火炮而痴重难使者，则万人敌近制随宜可用，不必拘执一方也。盖硝、黄火力所射，千军万马立时糜烂。其法：用宿干空中泥团，上留小眼，筑实硝、黄火药，参入毒火、神火，由人变通增损。贯药安信而后，外以木架匡围，或有即用木桶而塑泥实其内郭者，其义亦同。若泥团必用木匡，所以妨掷投先碎也。敌攻城时，燃灼引信，抛掷城下。火力出腾，八面旋转。旋向内时，则城墙抵住，不伤我兵；旋向外时，则敌人马皆无幸。此为守城第一器。而能通火药之性、火器之方者，聪明由人。作者不上十年②，守土者留心可也。

① 铁挺：刚直的铁条。挺，通"梃"，棍棒，此指条状物。
② 作者不上十年：这种武器发明还不到十年。

西洋炮是用熟铜铸成的，圆得像一个铜鼓。放炮时，半里之内，人和马都会被吓死。（在平地点燃引线时装上可以使炮身转动的机关，转到

一个缺口才停下来。炮手点燃引线之后马上往回跑并跳进深坑里，这时炮声在高处爆响，炮手才不至于受伤或丧命）

红夷炮是用铸铁造的，身长一丈多，用来守城。炮膛里装有几斗铁弹和火药，射程二里，被击中的目标会变得粉碎。大炮引发时，首先会产生很大的后坐力，炮位必须用墙顶住，墙因此而崩塌也是常见的事。

大将军、二将军（比红夷炮小点儿，在中国却已算是个大家伙了）。

佛郎机（水战时装在船头用）。

三眼铳、百子连珠炮。

地雷：埋藏在泥土中，用竹管套上保护引线，引爆时冲开泥土起到杀伤作用，地雷本身也同时炸裂了。这便是所谓的"横击"，是因为火药配方中硫黄用得较多的缘故（引线要涂上矾油，引线入口处要用盆覆盖）。

混江龙：用皮囊包裹，再用漆密封，然后沉入水底，岸上用一条引索控制。皮囊里挂有火石和火镰，一旦牵动引索，皮囊里自然就会点火引爆。敌船如果碰到它就会被炸坏，但它毕竟是个笨重的家伙。

鸟铳：约有三尺长，装火药的铁枪管嵌在木托上，以便于手握。锤制鸟铳时，先用一根像筷子一样粗的铁条当锻模，然后将烧红的铁块包在它上面打成铁管。枪管分三段，再把接口烧红，尽力锤打接合。接合之后，又用如同筷子一样粗的四棱钢锥插进枪管里来回转动，使枪管内

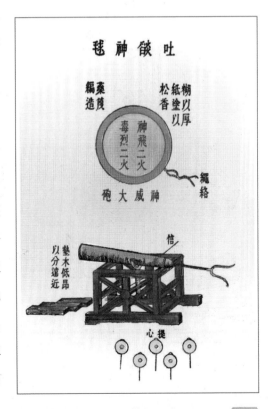

壁极其圆滑，发射时才不会有阻滞。枪管近人身的一端较粗，用来装载火药。每支铳一次大约装火药一钱二分，铅铁弹子二钱。点火时不用引信（岭南的鸟铳制法，也有用引信的），在枪管近人身一端通到枪膛的小孔上露出一点硝，用锤烂了的苎麻点火。左手握铳对准目标，右手扣动扳机将苎麻火逼到硝药上，一刹那就发射出去了。鸟雀在三十步之内中弹，会被打得稀巴烂，五十步以外中弹才能保持原形，到了一百步，火力就不及了。鸟枪的射程超过二百步，制法跟鸟铳相似，但枪管的长度和装火药的量都增加了一倍。

万人敌：边远小县城里守城御敌，有的没有火炮，有的即使配有火炮也笨重难使，在这种情况下，近来制作的万人敌就很适合用，不用受到环境的限制。硝石和硫黄配合产生的火力，能炸得千军万马血肉横飞。

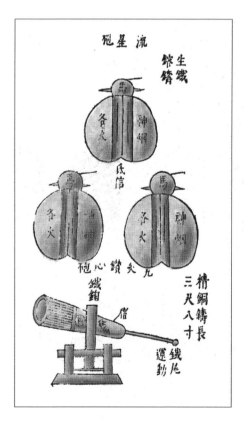

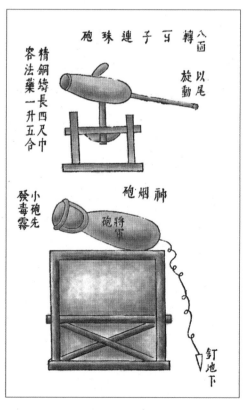

它的制法是：把中空的泥团晾干后，通过上边留出的小孔装满由硝和硫黄配成的火药，并由人掺入毒火、神火等药料，用量多少由人灵活掌握。装药并安上引信后，再用木框框住。也有在木桶里面糊泥并填实火药而造成的，道理是一样的。如果用泥团就一定要在泥团外加上木框以防止抛出去还没爆炸就破裂了。敌人攻城时，点燃引信，把万人敌抛掷到城下。这时，万人敌不断射出火力，而且四方八面地旋转起来。当它向内旋时，由于有城墙挡着，不会伤害我方兵马；当它向外旋时，敌军人马会大量伤亡。这是守城最重要的武器。凡能通晓火药性能和火器制法的人，都能发挥自己的聪明才智。这种武器发明还不到十年，负责守卫疆土的将士们都应密切关注其中的技巧原理呀！

丹青

DANQING

"赏奇析疑" 谈方法

本章是讲古代绘画颜料——朱和墨的做法,丹为红,青为黑。朱和墨都是我国传统特产,朱是红色的硫化汞,要从水银中提炼,而墨是从炭黑中提取。本章记述了"烧松烟"等制炭黑的方法,是近代土法生产炭黑的技术雏形。

"知人论世" 聊背景

其实在明代,关于农业技术的书籍不止有《天工开物》,还有徐光启的《农政全书》。徐光启(1562—1633年)是明代卓越的科学家,在数学、天文、历法和农学方面,都做出了很多贡献。在农学方面留下了一部巨著——《农政全书》。该书60卷,约70余万字,内容比以前所有农书都要全面。对农业生产的各个方面都有详尽的记录,特别对于番薯和棉花的种植技术作了重点的介绍。对屯垦、水利工程及备荒三项做了系统的叙述。书中大量保存了《王祯农书》中的农器图谱,并且还有所增补。这部书不仅整理总结了古代农书,而且反映了当时农业生产的实际经验,富有实践的科学精神,是一部实用性很强的科学书。

"抑扬顿挫" 读原文

宋子曰：斯文千古之不坠①也，注玄尚白②，其功孰与京③哉！离火红而至黑孕其中④，水银白而至红呈其变⑤。造化炉锤，思议何所容也！五章⑥遥降，朱临墨而大号彰⑦。万卷横披，墨得朱而天章焕。文房异宝，珠玉何为？至画工肖像万物，或取本姿，或从配合，而色色咸备焉。夫亦依坎附离，而共呈五行变态，非至神孰能与于斯哉？

"字斟句酌" 查注释

① 斯文千古之不坠：斯文，此作文化、文明解。不坠，不断绝。

② 注玄尚白：典出《汉书·扬雄传》，"时，雄方草《太玄》，有以自守，泊如也。或嘲雄以玄尚白，而雄解之，号曰《解嘲》。""以玄尚白"意思是无官无位而从事著述。此处变化原意，是在白纸上写黑字的意思。

③ 孰与京：有谁能与相比。

④ 离火红而至黑孕其中：八卦中"离"为火，故称离火。火燃尽则为黑烬，故云"至黑孕其中"。

⑤ 水银白而至红呈其变：水银可以炼成银朱。

⑥ 五章：《尚书·皋陶谟》中记载，"天命有德，五服五章哉。"此处指穿着各种颜色官服以区分等级的王公大臣。

⑦ 朱临墨而大号彰：与下文"墨得朱而天章焕"，都语意双关，一方面说朱、墨等颜料对文化的发展有极大意义，另一面又以"朱"代指明朝，以"墨"代指文化，说文化在大明皇帝手里得到极大发展，而大明朝也得到文化的支持。

"古文今解" 看译文

宋先生说：古代的文化遗产之所以能够流传千古而不失散，靠的就是白纸黑字的文献记载，这种功绩是无与伦比的。火是红色的，其中却酝酿着最黑的墨烟；水银是白色的，而最红的银朱却由它变化而来。大

自然的熔炉锤炼变化万千，真是不可思议啊！从遥远的时代五色就已经出现，有了朱红色和墨色这两种主要颜色，就能使得重大的号令得到彰扬；万卷图书，阅读时用朱红色的笔在黑色的字加以圈点，从而使好文章焕发了异彩。文房自有笔、墨、纸、砚四宝，在这里即便是珠玉又能派上什么用场呢？至于画家描摹万物，有的人使用原色，有的人使用调配出来的颜色，各种各样的颜色也就齐备了。颜料的调制，要依靠水火的作用，而表现在水、火、木、金、土这五种事物（五行）的相互磨合变化之中，若不是世间最为玄妙的大自然，谁能做到这一切呢？

朱

"抑扬顿挫" 读原文

凡朱砂、水银、银朱，原同一物，所以异名者，由精粗老嫩而分也。上好朱砂出辰、锦①（今名麻阳）与西川者，中即孕汞②，然不以升炼。盖光明、箭镞、镜面等砂③，其价重于水银三倍，故择出为朱砂货鬻。若以升汞④，反降贱值。惟粗次朱砂，方以升炼水银，而水银又升银朱也。

凡朱砂上品者，穴土十余丈乃得之。始见其苗，磊然白石，谓之朱砂床。近床之砂，有如鸡子大者。其次砂不入药，只为研供画用与升炼水银者。其苗不必白石，其深数丈即得。外床或杂青黄石，或间沙土，土中孕满，则其外沙石多自坼裂。此种砂贵州思、印、铜仁⑤等地最繁，而商州、秦州出亦广也。

凡次砂取来，其通坑色带白嫩者，则不以研朱，尽以升汞。若砂质即嫩而烁，视欲丹者，则取来时入巨铁碾槽中，轧碎如微尘，然后入缸，注清水澄浸。过三日夜，跌取其上浮者，倾入别缸，名曰二朱。其下沉结者，晒干，即名头朱也。

凡升水银，或用嫩白次砂，或用缸中趺出浮面二朱，水和搓成大盘条，每三十斤入一釜内升汞，其下炭质亦用三十斤。凡升汞，上盖一釜，釜当中留一小孔，釜傍盐泥紧固。釜上用铁打成一曲弓溜管，其管用麻绳密缠通梢，仍用盐泥涂固。煅火之时，曲溜一头插入釜中通气（插处一丝固密），一头以中罐注水两瓶，插曲溜尾于内，釜中之气达于罐中之水而止。共煅五个时辰，其中砂末尽化成汞，布于满釜。冷定一日，取出扫下。此最妙玄，化全部天机也（《本草》胡乱注：凿地一孔，放碗一个盛水）。

凡将水银再升朱用，故名曰银朱。其法或用磬口泥罐，或用上下釜⑥。每水银一斤，入石亭脂（即硫黄制造者）二斤，同研不见星，炒作青砂头，装于罐内。上用铁盏盖定，盏上压一铁尺。铁线兜底捆缚，盐泥固济口缝，下用三钉插地鼎足盛罐。打火三炷香久，频以废笔蘸水擦盏，则银自成粉，贴于罐上，其贴口者朱更鲜华。冷定揭出，刮扫取用。其石亭脂沉下罐底，可取再用也。每升水银一斤，得朱十四两，次朱三两五钱，出数藉硫质而生。

凡升朱与研朱，功用亦相仿。若皇家、贵家画彩，则即同辰、锦丹砂研成者，不用此朱也。凡朱，文房胶成条块，石砚则显，若磨于锡砚之上，则立成皂汁。即漆工以鲜物彩，惟入桐油调则显，入漆亦晦也。

凡水银与朱，更无他出，其汞海、草汞之说⑦，无端狂妄，耳食者⑧信之。若水银已升朱，则不可复还为汞，所谓造化之巧已尽也。

"字斟句酌" 查注释

①辰、锦：辰州府，治在今湖南沅陵。此辰当指辰州治下之辰溪，另麻阳在辰溪之西南。

②孕汞：含有汞（水银）。

③光明、箭镞（zú）、镜面等砂：俱朱砂，当以其功用为名。

④升汞：提炼水银。

⑤思、印、铜仁：贵州思南、印江、铜仁，俱在今贵州东北部。

⑥上下釜：一上一下，口径一样的两只锅。

⑦汞海、草汞之说：此针对《本草纲目·金石部》所引诸家说，以为可从马齿苋中提炼水银而言。此说"无端狂妄"。

⑧耳食者：轻信耳食之言者。

"古文今解" 看译文

朱砂、水银和银朱本来都是同一类东西，名称不同只是由于其中精与粗、老与嫩等的差别所造成的。上等的朱砂，产于湖南西部的辰水、锦江流域以及四川西部地区，朱砂里面虽然包含着水银，但不用来炼取水银，这是因为光明砂、箭镞砂、镜面砂等几种朱砂比水银还要贵上三倍，因此要选出来销售。如果把它们炼成水银，反而会降低它们的价值。只有粗糙的和低等的朱砂，才用来提炼水银，又由水银再炼成银朱。

高品阶的朱砂矿，要挖土十多丈深才能找到。发现矿苗时，只看见一堆白石，这叫作朱砂床。靠近床的朱砂，有的像鸡蛋那样大块。那些次等朱砂一般是不用来配药的，而只是研磨成粉供绘画或炼水银用。这种次等朱砂矿不一定会有白石矿苗，挖到几丈深就可以得到。它的矿床外面还掺杂有青黄色的石块或沙土，由于土中蕴藏着朱砂，因此石块或沙土大多自行裂开。这种次等朱砂以贵州东部的思南、印江、铜仁等地最为常见，商州、秦州一带也十分常见。

次等朱砂，如果整条矿坑都是质地较嫩而颜色泛白的，就不用来研磨做朱砂，而全部用来炼取水银。如果砂质虽然很嫩但其中有红光闪烁的，就用大铁槽碾成尘粉，然后放入缸内，用清水浸泡三天三夜，然后摇荡它把上浮的砂石倒入别的缸里，这是二朱，把下沉的取出来晒干成头朱。

升炼水银，要用嫩白次等朱砂或缸中倾出的浮面二朱，加水搓成粗条，盘起来放进锅里。每锅共装三十斤，下面烧火用的炭也要三十斤。锅上面还要倒扣另一只锅，锅顶留一个小孔，两锅的衔接处要用盐泥加固密封。锅顶上的小孔和一支弯曲的铁管相连接，铁管通身要用麻绳缠绕紧密，并涂上盐泥加固，使每个接口处不能有丝毫漏气。煅火的时候，曲管的头插入锅中通气（插入处要加固密封），曲管的另一端则通到装有两瓶水的罐子中，使熔炼锅中的气体只能到达罐里的水为止。在锅底下起火加热，约共煅烧五个时辰（十个小时），朱砂就会全部化为水银布满整个锅壁。冷却一天之后，再取出扫下。这里面的道理最难以捉摸，自然界的变化真是奥妙无穷！（《本草纲目》注释中说什么炼水银时要"凿地一孔，放碗一个盛水"等，那是胡乱注的。）

把水银再炼成朱砂，因此就叫作银朱。提炼时用一个开口的泥罐子或者用上下两只锅。每斤水银加入石亭脂（天然硫黄）两斤一起研磨，要磨到看不见水银的亮斑为止，并炒成青黑色，装进罐子里。罐子口要用铁盏盖好，盏上压一根铁尺，并用铁线兜底把罐子和铁盏绑紧，然后用盐泥封口，再用三根铁棒插在地上用以承托泥罐。烧火加热时需要约燃完三炷香的时间，在这个过程中要不断用废毛笔蘸水擦铁盏面，那么水银便会变成银朱粉凝结在罐子壁上，贴近罐口的银朱色泽更加鲜艳。冷却之后揭开铁盏封口，把银朱刮扫下来。剩下的石亭脂沉到罐底，还能取出来再用。每一斤水银，可炼得上等朱砂十四两、次等朱砂三两半，

其中多出的重量是凭借石亭脂的硫质而产生的。

用这种方法升炼成的朱砂跟研成的天然朱砂功用差不多。皇家贵族绘画，用的是辰州、锦州等地出产的丹砂直接研磨而成的粉，而不用升炼成的银朱粉。书房用的朱砂通常胶合成条块状，在石砚上磨就能显出原来的鲜红色。但如果在锡砚上磨，就会立即变成灰黑色。当漆工用朱砂调制红油彩来粉饰器具时，和桐油调在一起就会色彩鲜明，和天然漆调在一起就会色彩灰暗。

水银和朱砂再没有别的出处了。关于水银海和水银草的说法都是没有根据的，只有盲目无识的人才会相信。水银在升炼为朱砂之后，再不能还原为水银了。因为，大自然创造化育万物的工巧到此施展完了。

墨

"抑扬顿挫" 读原文

凡墨，烧烟凝质而为之。取桐油、清油、猪油烟为者，居十之一，取松烟为者，居十之九。

凡造贵重墨者，国朝推重徽郡①人，或以载油之艰，遣人僦居荆、襄、辰、沅，就其贱值桐油点烟而归。其墨他日登于纸上，日影横射有红光者，则以紫草汁浸染灯心而燃炷者也。

凡熬油取烟，每油一斤，得上烟一两余。手力捷疾者，一人供事灯盏二百付。若刮取怠缓则烟老，火燃，质料并丧也。其余寻常用墨，则先将松树流去胶香，然后伐木。凡松香有一毛未净尽，其烟造墨，终有滓结不解之病。凡松树流去香②，木根凿一小孔，炷灯缓炙，则通身膏液，就暖倾流而出也。

凡烧松烟，伐松，斩成尺寸，鞠篾③为圆屋，如舟中雨篷式，接连十余丈。内外与接口皆以纸及席糊固完成。隔位数节，小孔出烟，其下掩土砌砖先为通烟道路。燃薪数日，歇冷入中扫刮。凡烧松烟，放火通烟，自头彻尾。靠尾一二节者为清烟，取入佳墨为料。中节者为混烟，取为时墨料。若近头一二节，只刮取为烟子，货卖刷印书文家，仍取研细用之。其余则供漆工垩工之涂玄④者。

凡松烟造墨，入水久浸，以浮沉分精悫⑤。其和胶之后，以捶敲多寡分脆坚。其增入珍料与漱金、衔麝，则松烟、油烟增减听人。其余《墨经》《墨谱》⑥，博物者自详，此不过粗记质料原因而已。

🎋 "字斟句酌" 查注释

① 徽郡：徽州府。今安徽徽州一带。

② 香：松香。

③ 鞠篾：编竹条。

④ 涂玄：涂为黑色。

⑤ 精悫（què）：悫，此即"确"字。

⑥《墨经》《墨谱》：宋人晁贯之有《墨经》，李孝美有《墨谱》。明代此类书籍更多。

🎋 "古文今解" 看译文

墨是由烟（炭黑）和胶二者结合而成的。其中，用桐油、清油或猪油等烧成的烟做墨的，约占十分之一；用松烟做墨的，约占十分之九。

制造贵重的墨，本朝最推崇徽州人。他们有时由于油料运输困难，于是派人到荆州、襄阳、辰溪、沅陵等地租屋居住，购买当地便宜的桐油就地点烟，燃成的烟灰带回去用来制墨。有一种墨，写在纸上后在阳光斜照下可泛红光，那是用紫草汁浸染灯芯之后点油灯所烧成的烟做成的。

燃油取烟，每斤油可获得上等烟一两多。手脚伶俐的，一个人可照管专门用于收集烟的灯盏二百多副。如果刮取烟灰不及时，烟就会过火而质量下降，造成油料和时间的浪费。其余的一般用墨，都是用松烟制成的，先使松树中的松脂流掉，然后砍伐。松脂哪怕有一点点没流干净，用这种松烟做成的墨就总会有渣滓，不好书写。流掉松脂的方法是，在松树干接近根部的地方凿一个小孔，然后点灯缓缓燃烧，这样整棵树上的松脂就会朝着这个温暖的小孔倾流出来。

烧松木取烟，先把松木砍成一定的尺寸，并在地上用竹篾搭建一个圆拱篷，就像小船上的遮雨篷那样，逐节连接，长达十多丈，它的内外和接口都要用纸和草席糊紧密封。每隔几节，留出一个出烟小孔，竹篷和地接触的地方要盖上泥土，篷内砌砖要预先设计一个通烟火路。让松木在里面一连烧上好几天，冷歇后人们便可进去刮取了。烧松烟时，放火通烟的操作顺序是从篷头弥散到篷尾。从那靠尾一二节中取的烟叫作

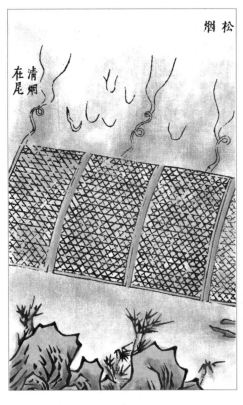

清烟，是制作优质墨的原料。从中节取的烟叫作混烟，用来做普通墨料。从近头一二节中取的烟叫作烟子，只能卖给印书的店家，仍要磨细后才能用。其他的就留给漆工、粉刷工作为黑色颜料使用了。

　　造墨用的松烟，放在水中长时间浸泡的话，其中那些精细而纯粹的会浮在上面，粗糙而稠厚的就会沉在下面。在和胶调在一起固结之后，用锤敲它，根据敲出的多少来区别墨的坚脆。至于在松烟或油烟中刻上金字或加入麝香之类的珍贵原料，多少则可由人自行决定。其他有关墨的知识，《墨经》《墨谱》等书中都有所记述，想要知道更多知识的人，可去仔细阅读，这里只不过是简单地概述制墨的原料和方法罢了。

曲糵

QUNIE

"赏奇析疑" 谈方法

本章的内容是酿酒方法。曲糵，出自
《尚书》："若作酒醴，尔惟曲糵。"意思是
要想做酒，就得有曲和糵。关于造酒的技
术，在贾思勰的《齐民要术》中早有记
载，本章与《齐民要术》中的内容一脉相
承，介绍了酒母、酒曲的做法。

"知人论世" 聊背景

在明代以前，很多人都是唯心主义
者，可是到了明代，随着科学启蒙思潮的
兴起，有些学者意识到，物质是客观存在
的，不以人的意识转移。明代有一位著名
的唯物主义思想家王夫之，他明确肯定物
质世界是独立存在的，批判了宋、明理学
的客观唯心主义。他认为人的认识是由外
界事物引起的，他以浙江的山为例指出，
不管人们是否看见山，山都是存在的。此
外王夫之在《噩梦》中还提出"耕者有其
田"的主张，认为土地不是帝王的私产，
人民在土地上耕种土地，土地分明是耕者
所有，这是很进步的意识。

"抑扬顿挫" 读原文

宋子曰：狱讼日繁，酒流生祸，其源则何辜？祀天追远，沉吟《商颂》《周雅》之间①，若作酒醴之资曲蘖②也，殆圣作而明述矣。惟是五谷菁华变幻，得水而凝，感风而化，供用岐黄者③神其名，而坚固食羞者丹其色。君臣自古配合日新，眉寿介④而宿痼怯，其功不可殚述。自非炎黄作祖，末流聪明，乌能竟其方术哉？

"字斟句酌" 查注释

① 沉吟《商颂》《周雅》之间：《诗》有《商颂》及大小《雅》，其中多有涉及饮酒或以酒祭神的诗句。

② 曲蘖（niè）：即今之酒曲。

③ 供用岐黄者：岐黄指岐伯、黄帝。岐伯为黄帝时名医，古代医书往往借岐伯与黄帝对话成文，如《灵枢》《素问》等，供用岐黄者即指医生。

④ 眉寿介：《诗·豳风·七月》中有"十月获稻，为此春酒，以介眉寿"之说。介，助也。眉寿，人至高寿则眉长，故曰眉寿。

"古文今解" 看译文

宋先生说：因酗酒闹事而惹起的官司案件一天比一天多，这确实是酗酒造成的祸害。然而，作为源头的酒曲本身又谈得上有什么罪过呢？在祭祀天地追怀先祖的仪式上，在吟咏诗篇朋友欢宴的时候，都需要有酒。造酒就得靠酒曲，关于这一点，古代的圣人已经说得很清楚了。酒曲原本就是用五谷的精华，通过水凝及风化的作用而变化成功的。供医药上用的曲名叫神曲，而用以保持珍贵食物美味的则是红曲。自古以来，制作曲蘖的主料和配料的调制配方不断改进，既能延年益寿又能医治各种痼疾顽症，其间的功效真是不可尽述。如果没有我们祖先炎帝和黄帝开创的事业和后人的聪明才智，如何能够使酿酒的技巧达到如此完善呢？

酒母

凡酿酒，必资曲药成信。无曲，即佳米珍黍，空造不成。古来曲造酒，蘖造醴，后世厌醴味薄，遂至失传，则并蘖法亦亡。凡曲，麦、米、面随方土造，南北不同，其义则一。凡麦曲，大、小麦皆可用。造者将麦连皮井水淘净，晒干，时宜盛暑天。磨碎，即以淘麦水和，作块，用楮叶包扎，悬风处，或用稻秸罨黄[1]，经四十九日取用。

造面曲，用白面五斤、黄豆五升，以蓼汁煮烂，再用辣蓼末五两、杏仁泥十两，和踏成饼，楮叶包悬，与稻秸罨黄，法亦同前。其用糯米粉与自然蓼汁溲和成饼，生黄收用者，罨法与时日，亦无不同也。其入诸般君臣[2]与草药，少者数味，多者百味，则各土各法，亦不可殚述。

近代燕京，则以薏苡仁为君，入曲造薏酒。浙中宁、绍，则以绿豆为君，入曲造豆酒。二酒颇擅天下佳雄（别载《酒经》[3]）。

凡造酒母家，生黄未足，视候不勤，盎拭不洁，则疵药[4]数丸，动辄败人石米。故市曲之家，必信著名闻，而后不负酿者。凡燕、齐黄酒曲药，多从淮郡造成，载于舟车北市。南方曲酒，酿出即成红色者，用曲与淮郡[5]所造相同，统名大曲。但淮郡市者打成砖片，而南方则用饼团。其曲一味，蓼身为气脉，而米、麦为质料，但必用已成曲酒糟为媒合。此糟不知相承起自何代，犹之烧矾之必用旧矾滓云。

① 罨（yǎn）黄：捂盖使其生出黄毛。

② 君臣：中药讲究君臣配伍，即以某药为君，某药为臣，以区别其在药剂中的主辅关系。此处君臣亦指曲药中各种材料的配伍。

③《酒经》：宋人朱翼中著。

④疵（cī）药：有杂菌的曲糵。

⑤淮郡：淮安府，今江苏北部，治在今淮安市。

"古文今解"看译文

　　酿酒必须要用酒曲作为酒引子，没有酒曲，即便有好米好黍也酿不成酒。自古以来用曲酿黄酒，用糵酿"甜酒"。后来的人嫌"甜酒"酒味太薄，结果导致所谓酿"甜酒"的技术和制糵的方法都失传了。制作酒曲可以因地制宜用麦、米或面为原料，南方和北方做法不同，但原理同出一辙。做麦曲，大麦、小麦都可以选用。制作酒曲的人，最好选在炎热的夏天，把麦粒带皮都用井水洗净，晒干。把麦粒磨碎，就用淘麦水拌和做成块状，再用楮叶包扎起来，悬挂在通风的地方，或者用稻草覆盖使它变黄，经过四十九天之后便能取用了。

　　制作面曲，是用白面五斤、黄豆五升，加入蓼汁一起煮烂，再加辣蓼末五两、杏仁泥十两，混合踏压成饼状，再用楮叶包扎悬挂或用稻草覆盖使它变黄，方法跟麦曲相同。用糯米粉加蓼汁搓和揉成饼，覆盖使它变黄让它长出黄毛后才取用，方法和时间也跟前述的相同。在酒曲中加入主料、配料和草药，少的只有几种，多的可达上百种，各地的做法不同，难以一一详尽论述。

　　近代，北京用薏苡仁为主要原料制作酒曲后再酿造薏酒，浙江的宁波和绍兴则用绿豆为主要原料制作酒曲后再酿造豆酒。这两种酒都被列为名酒（《酒经》一书有所记载）。

　　制作酒曲时，如果生黄不足，看管不勤，洗抹得不干净，都会出问题。几粒坏的酒曲轻易地就能败坏上百斤的粮食。所以，卖酒曲的人必须要守信用，重名誉，才不会对不起酿酒的人。河北、山东一带酿造黄酒用的酒曲，大部分都是在淮安造好后用车船运去贩卖的。南方酿造红酒所用的酒曲跟淮安造的相同，都叫作大曲。但淮安卖的酒曲是打成砖块状，而南方的酒曲则是做成饼团状。制作酒曲，加进辣蓼粉末以便于

通风透气，用稻米或麦子作为基本原料，还必须加入已制成酒曲的酒糟作为媒介。这种酒糟不清楚是从哪个年代开始流传下来的，就像烧矾必须使用旧矾滓掩盖炉口一样。

丹曲

"抑扬顿挫" 读原文

凡丹曲①一种，法出近代。其义臭腐神奇，其法气精变化。世间鱼肉最朽腐物，而此物薄施涂抹，能固其质于炎暑之中，经历旬日，蛆蝇不敢近，色味不离初，盖奇药也。

凡造法，用籼稻米，不拘早晚。舂杵极其精细，水浸一七日，其气臭恶不可闻，则取入长流河水漂净（必用山河流水，大江者不可用）。漂后恶臭犹不可解，入甑蒸饭则转成香气，其香芬甚。凡蒸此米成饭，初一蒸半生即止，不及其熟。出离釜中，以冷水一沃，气冷再蒸，则令极熟矣。熟后，数石共积一堆，拌信②。

凡曲信，必用绝佳红酒糟为料，每糟一斗，入马蓼自然汁三升，明矾水和化。每曲饭一石，入信二斤，乘饭热时，数人捷手拌匀，初热拌至冷。候视曲信入饭，久复微温，则信至矣。凡饭拌信后，倾入箩内，过矾水一次，然后分散入篾盘，登架乘风。后此风力为政，水火无功③。

凡曲饭入盘，每盘约载五升。其屋室宜高大，防瓦上暑气侵逼。室面宜向南，防西晒。一个时中翻拌约三次。候视者七日之中，即坐卧盘架之下，眠不敢安，中宵数起。其初时雪白色，经一二日成至黑色。黑转褐，褐转代赭，赭转红，红极复转微黄。目击风中变幻，名曰生黄曲，则其价与入物之力④皆倍于凡曲也。凡黑色转褐，褐转红，皆过水一度。红则不复入水。

凡造此物，曲工盥手与洗净盘簋，皆令极洁。一毫滓秽，则败乃事也。

"字斟句酌" 查注释

① 丹曲：即今之红曲，用大米培养的红曲霉。
② 拌信：拌入曲种。
③ 风力为政，水火无功：以风干为主，不再用水火加工了。
④ 入物之力：在生产中投入的力量。

"古文今解" 看译文

有一种红曲，它的制作方法是近代才开始研究出来的，它的效果就在于能"化腐朽为神奇"，它的巧妙之处是利用空气和白米的变化。在自然界中，鱼和肉是最容易腐烂的东西，但是只要将红曲薄薄地涂上一层，即便是在炎热的暑天也能保持它原来的样子，放上十来天，蛆蝇都不敢接近，色泽味道都还能保持原样。这真是一种奇药啊！

制造红曲用的是籼稻米，不管早晚稻米都可以用。米要舂洗得十分干净精白，用水浸泡七天，那时的气味真是臭不堪闻，到这时把它放到流动的河水中漂洗干净（必须要用山间流动的溪水，大河水不能用）。漂洗之后臭味还不能完全消除，把米放入饭甑里面蒸成饭，就会变得香气四溢了。蒸饭时，先将稻米蒸到半生半熟，然后就从锅中取出，用冷水淋浇一次，等到冷却以后再次将稻米蒸到熟透。这样蒸熟了好几石米饭以后，再堆放在一起拌进曲种。

曲种一定要用最好的红酒糟为原料，每一斗酒糟加入马蓼汁三升，再加明矾水拌和调匀。每石熟饭中加入曲种二斤，趁熟饭热时，几个人一起迅速拌和调匀，从热饭拌到饭冷。然后再注意观察曲种与熟饭相互作用的情况，过一段时间之后，饭的温度又会逐渐上升，这就说明曲种发生作用了。饭拌入曲种后，倒进箩筐里面，用明矾水淋过一次后，再分开放进篾盘中，放到架子上通风。这以后就主要是做好通风工作，而水火也就派不上什么用场了。

曲饭放入篾盘中，每个篾盘大约装载五升。安放这些曲饭的房屋要高大宽敞，以防屋顶瓦面上的热气侵入。屋向应该朝南，用以防止太阳西晒。每两个小时内大约要翻拌三次。观察曲饭的人，在七天之内都要日夜守护在盘架之下，不能熟睡，半夜里也要起来好几次。曲

饭最初颜色雪白，经过一两天后就变成黑色了。以后的颜色会继续变化，由黑色转为褐色，又由褐色转为赭色，再由赭色转为红色，到了最红的时候再转回微黄色。通风过程中所看到的这一系列的颜色变化，叫作"生黄曲"。这样制成的红曲，其价值和功效都比一般的红曲要高好几倍。当黑色变褐色、褐色又变成红色时，都要淋浇一次水。变红以后就不需要再加水了。

制造这种红曲的时候，造曲的人必须把手和盛物的篾盘、竹席洗得非常干净。只要有一点儿的渣滓和肮脏的东西，都会使得制作红曲的工作失败。

珠玉

ZHUYU

 "赏奇析疑" 谈方法

本章讲的是珍珠、玉石等珠宝的开采和加工工艺。在作者看来，珠玉是天地之精华，把这样的东西戴在身上，会让人看起来更美。值得一提的是，宋应星已经意识到可持续发展的重要性，他提出，采集珍珠不可以过于频繁，否则蚌来不及长大，人们就没有新的珍珠可以采，这种生态保护意识非常难得。

"知人论世" 聊背景

宋应星在整理《天工开物》的同时，又整理发表了他的自选诗集《思怜诗》。《思怜诗》主要反映了宋应星的人生观，用文学形式表达他对人生价值和意义等问题的看法。宋应星在诗中塑造了两大类典型人物，分别给以褒扬和讥讽。他继承了唐代大诗人白居易（772—846 年）倡导的新乐府运动的诗论传统，主张写诗应当揭露时政弊端，反映社会现实，并且给人以启迪和教化。

"抑扬顿挫" 读原文

宋子曰：玉韫山辉，珠涵水媚，此理诚然乎哉，抑意逆之说①也？大凡天地生物，光明者昏浊之反，滋润者枯涩之仇，贵在此则贱在彼矣。合浦、于阗②行程相去二万里，珠雄于此，玉崎于彼，无胫而来，以宠爱人寰之中，而辉煌廊庙之上③，使中华无端宝藏折节而推上坐焉④。岂中国辉山媚水者，萃在人身，而天地菁华止有此数哉？

"字斟句酌" 查注释

① 意逆之说：以意逆之，即主观推测。

② 合浦、于阗（tián）：合浦在今广西，古以产珠出名。于阗，今新疆和田，产羊脂美玉。

③ 辉煌廊庙之上：廊庙指朝廷。古时大臣佩玉带。

"古文今解" 看译文

宋先生说：藏蕴玉石的山总是光辉四溢，涵养珍珠的水也是明媚秀丽，这其中的道理究竟是本来如此呢，还是人们的主观推测？凡是由天地自然化生的事物之中，总是光明与混浊相反，滋润与枯涩对立，在这里是稀罕的东西往往在另一个地方就很平常。合浦与于阗，相距约两万里，在这边有珍珠称雄，在那里有玉石傲立，但都很快就聚集过来，在人世间受到宠爱，在朝廷上焕发出辉煌的光彩。这就使得全国各地无尽的宝藏都降低了身价而把珠玉推上宝物的首位。这难道是中国能使山光水媚的宝物都佩戴在人身上了，而天地的精华难道就只有珠玉这两种吗？

珠

凡珍珠必产蚌腹，映月成胎，经年最久，乃为至宝。其云蛇腹、龙颔、鲛皮有珠者①，妄也。凡中国珠必产雷、廉二池②。三代以前，淮扬亦南国地，得珠稍近《禹贡》"淮夷玭珠"③，或后互市之便，非必责其土产也。金采蒲里路，元采杨村直沽口④，皆传记相承之妄，何尝得珠？至云忽吕古江⑤出珠，则夷地，非中国也。

凡蚌孕珠，乃无质而生质。他物形小而居水族者，吞噬弘多，寿以不永。蚌则环包坚甲，无隙可投，即吞腹，囫囵不能消化，故独得百年千年，成就无价之宝也。凡蚌孕珠，即千仞水底，一逢圆月中天，即开甲仰照，取月精以成其魄。中秋月明，则老蚌犹喜甚。若彻晓无云，则随月东升西没，转侧其身而映照之。他海滨无珠者，潮汐震撼，蚌无安身静存之地也。

凡廉州池，自乌泥、独揽沙至于青莺，可百八十里。雷州池自对乐岛斜望石城界，可百五十里。疍户⑥采珠，每岁必以三月，时牲杀⑦祭海神，极其虔敬。疍户生啖海腥，入水能视水色，知蛟龙所在，则不敢侵犯。

凡采珠舶，其制视他舟横阔而圆，多载草荐于上。经过水漩，则掷荐投之，舟乃无恙。舟中以长绳系没人⑧腰，携篮投水。凡没人，以锡造弯环空管，其本缺处，对掩没人口鼻，令舒透呼吸于中，别以熟皮包络耳项之际。极深者至四五百尺，拾蚌篮中。气逼则撼绳，其上急提引上，无命者或葬鱼腹。凡没人出水，煮热毲急覆之，缓则寒慄死。

宋朝李招讨设法以铁为耙，最后木柱扳口，两角坠石，用麻绳作兜如囊状，绳系舶两傍，乘风扬帆而兜取之，然亦有漂、溺之患。今疍户两法并用之。

凡珠在蚌，如玉在璞。初不识其贵贱，剖取而识之，自五分至一寸五分径者为大品。小平似覆釜，一边光彩微似镀金者，此名珰珠，其值一颗千金矣。古来"明月""夜光"，即此便是。白昼晴明，檐下看有光一线闪烁不定，"夜光"乃其美号，非真有昏夜放光之珠也。次则走珠，置平底盘中，圆转无定歇，价亦与珰珠相仿（化者⑨之身受含一粒，则不复杇坏，故帝王之家重价购此）。次则滑珠，色光而形不甚圆。次则螺蚵珠，次官雨珠，次税珠，次葱符珠。幼珠如粱粟，常珠如豌豆。琕而碎者曰玑。自夜光至于碎玑，譬均一人身而王公至于氓隶也。

凡珠生止有此数，采取太频，则其生不继。经数十年不采，则蚌乃安其身，繁其子孙而广孕宝质。所谓"珠徙珠还"，此煞定死谱，非真有清官感召也⑩（我朝弘治中，一采得二万八千两。万历中，一采止得三千两，不偿所费）。

"字斟句酌" 查注释

① 其云蛇腹、龙颔、鲛皮有珠者：宋人陆佃《埤雅》记载，"龙珠在颔，蛇珠在口，鱼珠在眼，鲛珠在皮。"至明人谢肇淛《五杂组》又云"鳖珠在足"，并云蜘蛛、蜈蚣之大者皆有珠，雷击之，即龙取珠也。凡此皆古人臆度之说，并无根据。

② 雷、廉二池：雷州府，治在今广东雷州半岛之海康。廉州府，治在今广西合浦。

③《禹贡》"淮夷玭珠"：淮、夷为二水名，玭，即蚌。

④ 杨村直沽口：即今天津大沽口。

⑤ 忽吕古江：在今东北境内。

⑥ 蜑（dàn）户：当时广东、广西、福建以船为家的居民。

⑦ 牲杀：即杀牲。

⑧ 没人：潜水探珠者。

⑨ 化者：死去者。

⑩ 所谓'珠徙珠还'句：《后汉书·循吏列传》记载，孟尝迁合浦太守。郡不产谷实，而海出珠宝。先时宰守并多贪秽，诡人采求，不知纪极，珠遂渐

徙于交阯郡界。孟尝到官，革易前敝，求民病利。曾未逾岁，去珠复还，百姓皆反其业，商货流通，称为神明。

"古文今解"看译文

珍珠一定是出产自蚌腹内，映照着月光而逐渐孕育成形，其中年限最为长久的，就成了最贵重的宝物。至于蛇的腹内、龙的下颌及鲨鱼的皮中有珍珠，这些说法都是虚妄而不可信的。中国的珍珠必定出产在雷州和廉州这两个"珠池"里。在夏、商、周三代以前，淮安、扬州一带也属于南方诸侯国的地域，得到的珠子比较接近《尚书·禹贡》中所记载的珠，或许只是从互市上交易得来的，却不一定是当地所出产。宋代金人采自东北黑龙江克东县乌裕尔河一带，元代采自杨村天津大沽口一带的种种说法，都只是误传，这些地方什么时候采得过珍珠呢？至于说忽吕古江产珠，那则是少数民族地区，而不是中原地区了。

从蚌中孕育出珍珠，这是从无到有。其他形体小的水生动物，多因天敌太多而被吞噬掉了，所以寿命都不长。蚌却因为有坚硬的外壳包裹着，天敌没有空子可以钻，即便蚌被吞咽到肚子里，也是囫囵吞枣而不容易被消化掉，所以蚌的寿命很长，能够生成无价之宝。蚌孕育珍珠是在很深的水底下，每逢圆月当空时，就张开贝壳接受月光照耀，吸取月光的精华，化为珍珠的形魄。尤其是中秋月明之夜，老蚌就会格外高兴。如果通宵无云，它就随着月亮的东升西沉而不断转动它的身体以获取月光的照耀。也有些海滨不产珍珠，是因为当地潮汐涨落波涌得过于厉害，蚌没有藏身和静养之地的缘故。

廉州的珠池从乌泥池、独揽沙池到青莺池，大约有一百八十里远。雷州珠池从乐岛到石城界，约有一百五十里。这些地方的水上居民采集珍珠，每年必定是在三月间，到时候还宰杀牲畜来祭祀海神，显得非常虔诚恭敬。他们能生吃海鲜，在水中也能看透水色，知道蛟龙藏身的地方，于是不敢前去侵犯。

采珠船比其他的船要宽和圆一些，船上装载有许多草垫子。每当经过有旋涡的海面时，就把草垫子抛下去，这样船就能安全地驶过。采珠人在船上先用一条长绳绑住腰部，然后带着篮子潜入水里。潜水前还要用一种锡做的弯环空管将口鼻罩住，并将罩子的软皮带包缠在耳项之间，以便于呼吸。有的最深能潜到水下四五百尺，将蚌捡回到篮里。呼吸困难时就摇绳子，船上的人便赶快把他拉上来，命薄的人也有的会葬身鱼腹。潜水的人在出水之后，要立即用煮热了的毛皮织物盖上，太迟了，人就会被冻死。

宋朝有一位姓李的招讨使还发明了一种采珠网兜，他想办法做了一种齿耙形状的铁器，底部横放木棍用以封住网口，两角坠上石头（作为沉子）沉底，四周围上如同布袋子的麻绳网兜，将牵绳绑缚在船的两侧，借着风力张开风帆，继而兜取珠贝。这种采珠的办法还有漂失和沉没的危险。现在，水上采珠的居民上述两种方法同时采用。

珍珠生长在蚌的腹内，就如同玉生在璞中一样。开始的时候还分不出贵贱，等到剖取之后才能分开。周长从五分到一寸五分的就算是大珠。其中有一种大珠，不是很圆，像个倒放的锅一样，一边光彩略微像镀了金似的，名叫珰珠，每一颗都价值千金。这便是过去人们所传说的"明月珠"和"夜光珠"。白天天气晴朗的时候，在屋檐下能看见它有一线光芒闪烁不定，"夜光"不过是它的美号罢了，并不是真有能在夜间发光的珍珠。其次便是走珠，放在平底的盘子里，它会滚动不停，价值与珰珠差不多（死人口中含上一颗，尸体就不会腐烂，所以帝王之家不惜出重金购买）。再次的就是滑珠，色泽光亮，但形状不是很圆。再次的是螺蚵珠、官雨珠、税珠、葱符珠等。粒小的珠像小米粒儿，普通的珠像豌豆。低劣而破碎的珠叫作玑。从夜光珠到碎玑，就好比同样是人却分成从王公到奴隶几个不同等级一样。

珍珠的自然产量是有限度的，采得太频繁，珠的产量就会跟不上。如果几十年不采，那么蚌可以安身繁殖后代，孕珠也就多了。所谓"珠去而复还"，这其实是取决于珍珠固有的消长规律，并不是真有什么"清官"感召之类的神迹（明代弘治年间，有一年采得二万八千两；万历年间，有一年仅仅只采得三千两，还抵不上采珠的花费）。

宝

"抑扬顿挫" 读原文

凡宝石皆出井中。西番诸域最盛，中国惟出云南金齿卫与丽江两处。凡宝石，自大至小，皆有石床包其外，如玉之有璞。金银必积土其上，韫结乃成，而宝则不然，从井底直透上空，取日精月华之气而就，故生质有光明。如玉产峻湍，珠孕水底，其义一也。

凡产宝之井，即极深无水，此乾坤派设机关。但其中宝气如雾，氤氲①井中，人久食其气多致死。故采宝之人，或结十数为群，入井者得其半，而井上众人共得其半也。下井人以长绳系腰，腰带叉口袋两条，及泉近宝石，随手疾拾入袋（宝井内不容蛇虫）。腰带一巨铃，宝气逼不得过，则急摇其铃，井上人引缅提上，其人即无恙，然已昏聩。止与白滚汤入口解散，三日之内不得进食粮，然后调理平复。其袋内石，大者如碗，中者如拳，小者如豆，总不晓其中何等色。付与琢工镟错解开，然后知其为何等色也。

属红、黄种类者，为猫精、靺鞨芽、星汉砂、琥珀、木难、酒黄、喇子。猫精黄而微带红。琥珀最贵者名曰瑿（此值黄金五倍价），红而微带黑，然昼见则黑，灯光下则红甚也。木难纯黄色，喇子纯红。前代何妄人，于松树注②茯苓，又注琥珀，可笑也。

属青、绿种类者，为瑟瑟珠、珇琲绿③、鸦鹘石、空青之类（空青既取内质，其膜升打为曾青）。至玫瑰一种，如黄豆、绿豆大者，则红、

碧、青、黄数色皆具。宝石有玫瑰，如珠之有玑也。星汉砂以上，犹有煮海金丹。此等皆西番产，亦间气出，滇中井所无。

时人伪造者，惟琥珀易假，高者煮化硫黄，低者以殷红汁料煮入牛羊明角，映照红赤隐然，今亦最易辨认（琥珀磨之有浆）。至引灯草，原惑人之说，凡物借人气能引拾轻芥④也。自来《本草》陋妄，删去毋使灾木。

"字斟句酌" 查注释

① 氤氲（yīn yūn）：雾气缭绕。
② 注：注释。
③ 珇珻绿，即祖母绿。
④ 引拾轻芥：吸附轻微的东西。

"古文今解" 看译文

宝石都产自矿井中，其产地以西部边疆一带为最多。中国就只有云南金齿卫和丽江两个地方出产宝石。宝石不论大小，外面都有石床包裹，就像玉被璞石包住一样。金银都是在土层底下经过恒久的变化而形成的。但宝石却不是这样，它是从井底直接面对天空，吸取日月的精华而形成的。因此，能够闪烁光彩，这跟玉产自湍流之中，珠孕育在深渊水底的道理是相同的。

出产宝石的矿井，即便很深，其中也是没有水的，这是大自然的刻意安排。但井中有宝气就像雾一样地弥漫着，这种宝气人吸的时间久了多数都会致命。因此，采集宝石的人通常是十多个人一起合伙，下井的人分得一半宝石，井上的人分得另一半宝石。下井的人用长绳绑住腰，腰间系两个叉口袋，到井底有宝石的地方，随手将宝石赶快装入袋内（宝石井里一般不藏有蛇虫）。腰间系一个大铃铛，一旦宝气逼得人承受不住的时候，就急忙摇晃铃铛，井上的人就立即拉粗绳把他提上来。这

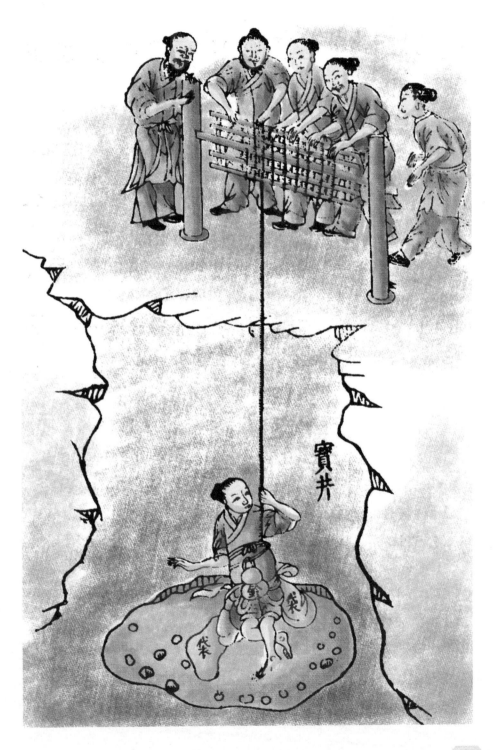

时，人即便没有生命危险，也已经昏迷不醒了。只能往他嘴里灌一些白开水解救，三天内都不能吃东西，然后再慢慢加以调理康复。口袋里的宝石，大的像碗，中等的像拳头，小的像豆子，但从表面上看不出里面是什么样子。交给琢工锉开后，才知道是什么宝石。

属于红色和黄色的宝石有猫精、鞑靼芽、星汉砂、琥珀、木难、酒黄、喇子等。猫精石是黄色而稍带些红色。最贵的琥珀叫瑿（音依，价值是黄金的五倍），红中而微带黑色，但在白天看起来却是黑色的，在灯光下看起来却很红。木难纯黄色，喇子纯红色。从前不知哪个随口妄言的人在"松树"条目下加注茯苓，又注释为琥珀，真是浅薄可笑！

属于蓝色和绿色的宝石有瑟瑟珠、祖母绿、鸦鹘石、空青（空青在内层，曾青在外层）等。至于玫瑰宝石，则像黄豆或绿豆大小，红色、绿色、蓝色、黄色，各色俱全。宝石中有玫瑰，就像珠中有玑一样。比星汉砂高一级的，还有一种名为煮海金丹的。这些宝石都出产自我国的西部地区，偶然也有随着宝气而出现的，云南中部的矿井中并不出产这类宝石。

现在的人伪造宝石，只有琥珀最容易造假。高明的造假者用硫黄熬煮，手段低劣的用黑红色的染料煮熬牛角、羊角，映照之下隐约可见红光，但现在看来也最容易辨认（琥珀研磨后有浆）。至于说琥珀能够吸引小草，那是骗人的说法，物体只有借助人的气息才能吸引轻微的东西。《本草》有不少荒诞错漏之处传世，这些都应当删去，省得浪费印刷的木料。

玉

凡玉入中国，贵重用者尽出于阗①（汉时西国名，后代或名别失八里②，或统服赤斤蒙古③，定名未详）葱岭④。所谓蓝田，即葱岭出玉别地名，而后世误以为西安之蓝田⑤也。其岭水发源名阿耨山，至葱岭分界两河：一曰白玉河，一曰绿玉河。后晋人高居诲作《于阗行程记》⑥，载有乌玉河⑦，此节则妄也。

玉璞不藏深土，源泉峻急激映而生。然取者不于所生处，以急湍无着手。俟其夏月水涨，璞随湍流徙，或百里，或二三百里，取之河中。凡玉映月精光而生，故国人沿河取玉者，多于秋间明月夜，望河候视。玉璞堆积处，其月色倍明亮。凡璞随水流，仍错杂乱石浅流之中，提出辨认而后知也。

白玉河流向东南，绿玉河流向西北⑧。亦力把力⑨地，其地有名望野者，河水多聚玉。其俗以女人赤身没水而取者，云阴气相召，则玉留不逝，易于捞取。此或夷人之愚也⑩。（夷中不贵此物，更流数百里，途远莫货，则弃而不用。）

凡玉，唯白与绿两色。绿者中国名菜玉，其赤玉、黄玉之说，皆奇石琅玕之类。价即不下于玉，然非玉也⑪。凡玉璞根系山石流水。未推出位时，璞中玉软如棉絮⑫，推出位时则已硬，入尘见风则愈硬。谓世间琢磨有软玉，则又非也。凡璞藏玉，其外者曰玉皮，取为砚托之类，其价无几。璞中之玉，有纵横尺余无瑕玷者，古者帝王取以为玺。所谓连城之璧⑬，亦不易得。其纵横五六寸无瑕者，治以为杯斝，此已当时重宝也。

此外，唯西洋琐里⑭有异玉，平时白色，晴日下看映出红色，阴雨时又为青色，此可谓之玉妖⑮，尚方有之。朝鲜西北太尉山，有千年璞，中藏羊脂玉⑯，与葱岭美者无殊异。其他虽有载志，闻见则未经也。凡玉，由彼地缠头回（其俗，人首一岁裹布一层，老则臃肿之甚，故名缠头回子）或溯河舟，或驾橐驼，经庄浪入嘉峪，而至于甘州与肃州⑰。中国贩玉者，至此互市得之，东入中华，卸萃燕京。玉工辨璞高下，定价，而后琢之。（良玉虽集京师，工巧则推苏郡）

凡玉初剖时，冶铁为圆盘，以盆水盛沙，足踏圆盘使转，添沙⑱剖玉，逐忽划断。中国解玉沙，出顺天玉田与真定邢台两邑。其沙非出河中，有泉流出，精粹如面，借以攻玉，永无耗折。既解之后，别施精巧工夫。得镔铁⑲刀者，则为利器也。（镔铁亦出西番哈密卫砺石中，剖之乃得）

凡玉器琢余碎，取入钿花⑳用；又碎不堪者，碾筛和泥涂琴瑟，琴有玉声，以此故也。凡镂刻绝细处，难施锥刃者，以蟾蜍㉑添画而后锲之。物理制服，殆不可晓。凡假玉以碔砆㉒充者，如锡之于银，昭然易辨。近则捣舂上料白瓷器，细过微尘，以白蔹㉓诸汁调成为器，干燥，玉色烨然，此伪最巧云。

凡珠玉、金银，胎性相反。金银受日精，必沉埋深土结成。珠玉、宝石受月华，不受寸土掩盖。宝石在井，上透碧空；珠在重渊，玉在峻滩，但受空明水色盖上。珠有螺城，螺母居中，龙神守护，人不敢犯。数应入世用者，螺母推出人取。玉初孕处，亦不可得。玉神推徙入河，然后恣取。与珠宫同神异云。㉔

"字斟句酌" 查注释

① 于阗：今新疆西南部的和田，汉、唐至宋、明称于阗，元代称斡端，自古产玉。

② 别失八里：今新疆东北部乌鲁木齐市附近，元代于此地置宣慰司、都元帅府。按别失为"五"，八里为"城"，故别失八里意为"五城"，这里并非于阗。确切地说，于阗所在的新疆，明代称亦力把里。

③ 赤斤蒙古：明代于今甘肃玉门一带设赤斤蒙古卫，亦非于阗所属。确如作者所自称，他没有弄清地名及地点。

④ 葱岭：今新疆昆仑山东部产玉地区，于阗便在这一地区。

⑤ 蓝田：西安附近的蓝田一带古曾产玉，新疆境内并无蓝田之地名。

⑥ 原文为"晋人张匡邺作《西域行程记》"，误。查《新五代史·于阗传》，载五代时后晋供奉官张匡邺、判官高居诲于天福三年（938 年）使于阗。高居诲作《于阗国行程记》言三河产玉事。此书非张匡邺作，且作者亦非晋人。《本草纲目》卷八《玉》条误为"晋鸿胪卿张匡邺出使于阗，作《行程记略》"。《天工开物》引《纲目》，亦误信，为免再以讹传讹，此处做了校改。

⑦ 乌玉河：十世纪时在新疆旅行的高居诲，在《于阗行程记》中载产玉之河有白玉河（今玉龙喀什河）、乌玉河（今喀拉喀什河）及绿玉河，属正确记载。这些河均为塔里木河支流，发源于昆仑山。《明史》卷三三二称于阗东有白玉河，西有绿玉河，再西有乌玉河，均产玉。

⑧ 实际上乌玉河流向东北，白玉河流向西北，过于阗后向北汇合于于阗河，再流入塔里木河。

⑨ 亦力把力：亦力把里。《元史》作亦剌八里，《明史》作亦力把里，包括今新疆大部分地区。

⑩ 这些说法得自错误传闻，不足信。

⑪ 所谓玉，指湿润而有光泽的美石，虽然多呈白、绿二色，但也不能否定其余呈红、黄、黑、紫等色的美石为玉。

⑫ 天然产的玉有硬玉、软玉之分，所谓软玉硬度也在 5.0 以上，没有软如絮者。

⑬ 连城之璧：《史记·廉颇、蔺相如列传》载公元前三世纪赵国赵惠王得一块宝玉叫和氏璧，秦昭王闻之，愿以十五座城换取此璧，故称连城之璧，后用价值连城形容贵重物品。璧即古代玉器，扁平、圆形，中间有孔。

⑭ 西洋琐里：《明史·外国传》有西洋琐里之名，在今印度科罗曼德尔海沿岸。

⑮ 玉妖：一种异玉，可能指金刚石，成分为碳，等轴晶系，呈八面体晶形，纯者无色透明、折光率强，能呈现不同色泽。

⑯ 羊脂玉：新疆产上等白玉，半透明，色如羊脂。

⑰ 从新疆向内地的路线应为：新疆→嘉峪关→肃州（今酒泉）→甘州（今张掖）→庄浪（今庄浪、华亭一带）→陕西。

⑱ 添沙：研磨、琢磨玉的硬沙，一种是石榴石，常用的为铁铝榴石，红色透明，硬度为 7，产于河北邢台。另一种为刚玉，天然结晶氧化铝，有蓝、红、灰白等色，硬度为 9，产于河北平山。

⑲ 镔铁：坚硬的精炼钢铁。

⑳ 钿花：用金银、玉贝等材料制成花案，再镶嵌在漆器、木器上做装饰品。

㉑ 蟾蜍：俗名癞蛤蟆，此处指蟾蜍科动物耳腺、皮腺的白色分泌物。

㉒ 砆碔：似玉的石。

㉓ 白芨：葡萄科多年生蔓草植物，根部有黏液。原文作"白蔹"，今改为白芨。

㉔ 同李时珍《本草纲目》中关于松脂变琥珀及琥珀拾芥的精彩论述相比，这里一大段神怪之谈倒是应当删去的。

"古文今解" 看译文

　　贩运到中原内地的玉，贵重的都出在于阗（汉代时西域的一个地名，后代叫别失八里，或属于赤斤蒙古，具体名称未详）的葱岭。所谓蓝田，是出玉的葱岭的另一地名，而后世误以为是西安附近的蓝田。葱岭的河水发源于阿耨山，流到葱岭后分为两条河，一曰白玉河，一曰绿玉河。后晋人高居诲作《于阗行程记》载有乌玉河，这段记载是错误的。

　　含玉的石不藏于深土，而是在靠近山间河源处的急流河水中激映而生。但采玉的人并不去原产地采，因为河水流急而无从下手。待夏天涨水时，含玉之石随湍流冲至一百里或二三百里处，再在河中采玉。玉是感受月之精光而生，所以当地人沿河取石多是在秋天明月之夜，守在河处观察。含玉之石堆聚的地方，就显得那里的月光倍加明亮。含玉的璞石随河水而流，免不了要夹杂些浅滩上的乱石，只有采出来经过辨认而后才知哪些为玉，哪些为石。

　　白玉河流向东南，绿玉河流向西北。亦力把力地区有个地方叫望野，附近河水多聚玉。当地的风俗是由妇女赤身下水取玉，据说是由于受妇女的阴气相召，玉就会停而不流，易于捞取。这或可说明当地人不明事理。（当地人并不看重此物，如果沿河再过数百里，路途远，卖不出去，便弃而不用）。

　　玉只有白、绿两种颜色，绿玉在中原地区叫菜玉。所谓赤玉、黄玉之说，都指琅玕之类的奇石，虽然价钱不低于玉，但终究不是玉。含玉之石产于山石、流水之中，未剖出时璞中之玉软如棉絮，剖露出来后就已变硬，遇到风尘则变得更硬。世间有所谓琢磨软玉的，这又错了。璞包藏着玉，其外层叫玉皮，取来做砚和托座，值不了多少钱。璞中之玉有纵横一尺多而无瑕疵的，古时帝王用以做印玺。所谓价值连城之璧，亦不易得。纵横五六寸而无瑕的玉，用来加工成酒器，这

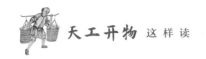

在当时已经是重宝了。

此外，只有西洋琐里产有异玉，平时白色，晴天在阳光下显出红色，阴雨时又成青色，这可谓之玉妖，宫廷内才有这种玉。朝鲜西北的太尉山有一种千年璞，中间藏有羊脂玉，与葱岭所出的美玉没有什么不同。其余各种玉虽书中有记载，但未曾见闻。玉由葱岭的缠头的回族人（其风俗是男子每人每年在头部裹一层布，老了就显得非常臃肿，故名缠头回人）或者是沿河乘船，或者是骑骆驼，经庄浪运入嘉峪关，而到甘肃甘州、肃州。内地贩玉的人来到这里从互市得到玉后，再向东运，一直到北京卸货。玉工辨别玉石等级定价后开始琢磨。（良玉虽集中于北京，但琢玉的工巧则首推苏州）

开始剖玉时，用铁做个圆形转盘，将水与沙放入盆内，用脚踏动圆盘旋转，再添沙剖玉，一点点把玉划断。剖玉所用的沙，在内地出自顺天府玉田和真定府邢台两地，此沙不是产于河中，而是从泉中流出的细如面粉的细沙，用以磨玉永不耗损。玉石剖开后，再用一种利器镔铁刀施以精巧工艺制成玉器。（镔铁也出于新疆哈密的类似磨刀石的岩石中，剖开就能炼取）

琢磨玉器时剩下的碎玉，可取来做钿花。碎不堪用的则碾成粉，过筛后与灰混合来涂琴瑟，由此使琴有玉器的音色。雕刻玉器时，在细微的地方难以下锥刀，就以蟾蜍汁填画在玉上，再以刀刻。这种一物克一物的道理，难以全部弄清。用砆碔冒充假玉，有如以锡充银，很容易辨别。最近有将上料白瓷器捣得极碎，再用白蔹等汁液调和制成器物，干燥后有发光的玉色，这种作伪方法最为巧妙。

珠玉与金银的生成方式相反。金银受日精，必定埋在深土内形成；而珠玉、宝石则受月华，不用泥土掩盖。宝石在井中直透青空，珠在深水里，而玉在险峻湍急的河滩，但都受着明亮的天空或河水覆盖。珠有螺城，螺母在里面，由龙神守护，人不敢犯。那些注定应用于世间的珠，由螺母推出供人取用。在原来孕玉的地方，也无法令人接近。只有由玉神将其推迁到河里，才能任人采取，与珠宫同属神异。